机械 CAD

（第 3 版）

董代进　李　黎　葛卫国　等　编

重庆大学出版社

内 容 简 介

本书以实例的形式,系统地讲述如何运用 AutoCAD 2006 软件绘制机械图形,让读者在操作的过程中掌握 CAD,并运用 CAD 绘制机械图形。首先讲述机房安全与操作规程,其次,简单介绍了 AutoCAD 2006 中文版,然后,以实例的形式,重点介绍运用 CAD 绘制平面图形、零件图及尺寸标注、轴测图及其尺寸标注,最后简要介绍了 CAD 的三维造型和 CAD 图形的输出与打印。

本书图文并茂、通俗易懂、可操作性强,既可作为中等职业学校的教材,也可作为机械制图 CAD 的培训教材,还可作为相关工程技术人员自学用书以及高等职业学校师生用书。

图书在版编目(CIP)数据

机械 CAD/董代进等编.—2 版.—重庆:重庆大
学出版社,2013.2(2023.2 重印)
中等职业教育机械类系列教材
ISBN 978-7-5624-4199-1

Ⅰ.①机… Ⅱ.①董… Ⅲ.①机械制图—
AutoCAD 软件—中等专业学校—教材 Ⅳ.①TH126

中国版本图书馆 CIP 数据核字(2013)第 032136 号

机械 CAD
(第 3 版)

董代进 李 黎 葛卫国 等 编
责任编辑:曾令维 文 鹏 版式设计:曾令维
责任校对:任卓惠 责任印制:张 策

*

重庆大学出版社出版发行
出版人:饶帮华
社址:重庆市沙坪坝区大学城西路 21 号
邮编:401331
电话:(023)88617190 88617185(中小学)
传真:(023)88617186 88617166
网址:http://www.cqup.com.cn
邮箱:fxk@ cqup.com.cn(营销中心)
全国新华书店经销
重庆长虹印务有限公司印刷

*

开本:787mm×1092mm 1/16 印张:15.5 字数:387 千
2017 年 8 月第 3 版 2023 年 2 月第 14 次印刷
印数:29 501—31 000
ISBN 978-7-5624-4199-1 定价:42.00 元

《机械 CAD》教材编写组名单

主　编:董代进

副主编:李　黎　　葛卫国

编　者:(排名不分先后)

邱　东　　肖　茂　　欧　宇　　付　琳

李　黎　　葛卫国　　董代进

序

当前,为配合社会经济的发展,职业教育越来越受到重视,加快高素质技术人才的培养已成为职业教育的重要任务。随着机械加工行业的快速发展,企业需要大批量的技术工人,机械类专业正逐步成为中等职业学校的主要专业,为培养出企业所需要的技术工人,大多数学校采用了"2+1"三年制教学模式。因此,编写适合中等职业学校新教学模式的特点,符合企业要求,深受师生欢迎,能为学生上岗就业奠定坚实基础的新教材,已成为职业学校教学改革的当务之急。为适应职业教育改革发展的需要,重庆大学出版社、重庆市教育科学研究院职成教所及重庆市中等职业学校机械类专业中心教研组,组织重庆市中等职业学校教学一线的"双师型"骨干教师,编写了该套知识与技能结合、教学与实践结合、突出实效、实际、实用特点的中等职业学校机械类专业的专业课系列教材。

在编写的过程中,我们借鉴了澳大利亚、德国等国外先进的职业教育理念,广泛参考了各地中等职业学校的教学计划,征求了企业技术人员的意见,并邀请了行业和学校的有关专家,多次对书稿进行评议和反复论证。为保证教材的编写质量,我们选聘的作者都是长期从事中等职业学校机械类专业教学工作的优秀的双师型教师,他们具有丰富的生产实践经验和扎实的理论基础,非常熟悉中等职业学校的教育教学规律,具有丰富的教材编写经验。我们希望通过这些工作和努力使教材能够做到:

第一,定位准确,目标明确。充分体现"以就业为导向,以能力为本位,以学生为宗旨"的精神,结合中等职业学校双证书和职业技能鉴定的需求,把中等职业学校的特点和行业的需求有机地结合起来,为学生的上岗就业奠定起坚实的基础。

中等职业学校的学制是三年,大多采用"2+1"模式。学生在校只有两年时间,学生到底能够学到多少知识与技能;学生上岗就业,到底应该需要哪些知识与技能;我们在编写过程中本着实事求是的原则,进行了反复论证和调研,并参照了国家职业资格认证标准,以中级工为基本依据,兼顾中职的特点,力求做到精简整合、科学合理地安排知识与技能的教学。

第二,理念先进,模式科学。利用澳大利亚专家来重庆开展项目合作的机会,我们学习了不少澳大利亚职业教育的先进理念和教学方法,同时也借鉴了德国等其他国家先进的职教理念,汲取了普通基础教育新课程改革的精髓,摒弃了传统教材的编写方法,从实例出发,采用项目教学的编写模式,讲述学生上岗就业需要的知识与技能,以适应现代企业生产实际的需要。

第三,语言通俗,图文并茂。中等职业学校学生绝大多数是初中毕业生,由于种种原因,其文化知识基础相对较弱,并且中职学校机械类专业的设备、师资、教学等也各有特点。因此,在教材的编写模式、体例、风格和语言运用等方面,我们都充分考虑了这些因素。尽量使教材语言简明、图说丰富、直观易懂,以期老师用得顺手,学生看得明白,彻底摒弃大学教材缩编的痕迹。

第四,整体性强、衔接性好。中等职业学校的教学,需要全程设计,整体优化,各教材浑然一体、互相衔接,才能够满足师生的教学需要。为此,充分考虑了各教材在系列教材中的地位与作用以及它们的内在联系,克服了很多教材之间知识点简单重复,或者某些内容被遗漏的问题。

第五,注重实训,可操作性强。机械类专业学生的就业方向是一线的技术工人。本套教材充分体现了如何做、会操作、能做事的编写思想,力图以实作带理论,理论与实作一体化,在做的过程中,掌握知识与技能。

第六,强调安全,增强安全意识。充分体现机械类行业的"生产必须安全,安全才能生产"的特点,把安全意识和安全常识贯穿教材的始终。

本系列教材在编写过程中,得到重庆市教育科学研究院职成教所向才毅所长、徐光伦教研员、重庆市各相关职业学校的大力支持与帮助,在此表示衷心地感谢。同时,在系列教材的编写过程中,澳大利亚专家给了我们不少的帮助和支持,在此表示衷心地感谢。

我们期望本系列教材的出版,能对我国中等职业学校机械类专业的教学工作有所促进,并能得到各位职业教育专家与广大师生的批评指正,便于我们能逐步调整、补充、完善本系列教材,使之更加符合中等职业学校机械类专业的教学实际。

中等职业教育机械类系列教材
编委会

前　言

　　本书根据中等职业学校机械类专业的特点以及 CAD 在机械类专业的地位和作用，以能运用 AutoCAD2006 软件绘制《机械制图》图样为目的，主要讲述了：AutoCAD2006 中文版简介，绘制平面图形，零件图的绘制及尺寸标注，轴测图的绘制及尺寸标注，CAD 的三维造型和 CAD 图形的输出与打印。教材充分体现了"以就业为导向，以能力为本位，以学生为宗旨"的精神。

　　本书作者长期从事中等职业学校"机械制图""机械 CAD"等课程的教学，是各个学校优秀的双师型教师，具有丰富的实践经验和扎实的理论功底，非常熟悉中等职业学校的教育教学规律，因此，本书既符合 CAD 的生产实际，又满足中等职业学校对 CAD 的教学要求。

　　根据中等职业学校机械类的教学要求，本课程教学共需 60 课时左右，课时分配可参考下表：

内容	项目一	项目二	项目三	项目四	项目五	项目六	项目七
课时	2	4	12	20	12	8	2

　　本书由重庆市龙门浩职业中学的董代进、李黎、邱东，重庆万州职教中心的葛卫国，重庆工商职业学校的欧宇、付琳，重庆中梁山职业中学的肖茂等老师共同编写，由董代进担任主编，李黎、葛卫国担任副主编。

　　本书在编写过程中，得到重庆市龙门浩职业中学章方学校长、张小毅副校长，机电部部长邹开耀的大力支持，在此表示感谢。

　　由于编者水平有限，编写时间仓促，书中错误与不足在所难免，恳请读者批评指正。

编　者

2017 年 6 月

目 录

项目一　计算机房的安全操作规程 ·· 1

　　任务一　计算机房电气设备的安全操作 ·· 1

　　任务二　计算机的基本操作 ·· 3

项目二　认识 AutoCAD ··· 6

　　任务一　AutoCAD 概述 ·· 6

　　任务二　认识 AutoCAD 2006 中文版 ··· 8

项目三　AutoCAD 平面图形的绘制 ··· 20

　　任务一　熟悉坐标画线的两种方法 ··· 20

　　任务二　熟悉画线的其他方法 ··· 31

　　任务三　绘制简单平面图形的综合实训 ·· 47

　　任务四　复杂图形的绘制 ·· 62

项目四　零件图的绘制与标注 ·· 79

　　任务一　书写文字与尺寸标注概述 ··· 79

　　任务二　轴类零件的绘制和标注 ·· 94

　　任务三　盘类零件的绘制和标注 ··· 119

　　任务四　叉架类零件的绘制和标注 ·· 133

项目五　轴测图的画法 ·· 146

　　任务一　绘制简单的轴测图 ·· 146

　　任务二　绘制复杂的轴测图 ·· 177

项目六　AutoCAD 三维造型简述 ·· 193

　　任务一　基本几何实体造型 ·· 193

　　任务二　组合实体的造型 ··· 200

项目七　AutoCAD 图形的输出与打印简述 ···································· 227

　　任　务　零件图样的打印 ··· 227

参考文献 ·· 235

项目一　计算机房的安全操作规程

项目内容

1. 计算机房电气设备的安全操作
2. 计算机的基本安全操作
3. 计算机房的基本维护操作

项目目的

在计算机房内能安全、正确、舒适地操作计算机

项目实施过程

任务一　计算机房电气设备的安全操作

课题一　开启计算机前,电气设备的安全操作

一、检查计算机房电源开关

操作人员进入计算机房后,首先要检查计算机房电源总开关的状态,目前大多数计算机房电源总开关一般都使用自动空气开关,简称空开,如图1.1所示。(a)图中的空开处于断开状态,(b)图的空开处于闭合状态。

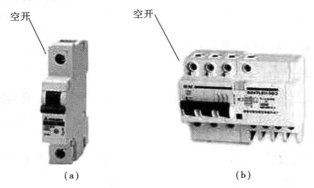

（a）　　　　　　　　　　　（b）

图1.1

（a）3p空开的断开状态；（b）1p空开的闭合状态

1. 空开的工作状态

当空开闭合正常工作时,若线路发生短路或严重过载电流时,短路电流超过瞬时脱扣额定

电流值,电磁脱扣器产生足够大的吸力,将衔铁吸合并撞击杠杆,使搭钩绕转轴座向上转动与锁扣脱开,锁扣在反力弹簧的作用下,将三副主触头分断,空开被断开,电源被切断。

若是线路发生一般性过载时,过载电流虽不能使电磁脱扣器动作,但能使热元件产生一定热量,促使双金属片受热向上弯曲,推动杠杆使搭钩与锁扣脱开,将主触头分断,切断电源。

2. 空开的检查与使用

检查空开时,应首先检查空开接头的接线。接线头金属部分裸露在空开接线孔之外,极易造成使用者意外触电和电器短路等危险现象的发生,所以接线头金属部分是不能裸露在空开接线孔之外。其次是观察空开表面有无烧焦或发黑现象,这是空开已经烧坏的明显标志,这样的空开不能继续使用,应立即更换。

二、空开的正确使用

1. 合上空开的开关

经过上述检查后,没有发现异常现象,一般向上推开关,就可以将空开的开关合上,即能正常供电。

2. 空开自动断开的现象

在开关合上的时候,有的空开会发生立即自动断开的现象。这说明电路中可能存在短路现象,应立即检查电路,排除短路现象。也有可能是空开的最大负载电流太小,不能适应计算机房所需承受的负载电流,则应立即更换负载电流较大的空开。

三、计算机房空调的正确使用

1. 计算机房安装空调的必要性

计算机房内由于计算机本身要产生一定的热量,而且计算机机箱内的温度不能过高,否则会烧坏配件。且机房内使用者较多,所以计算机机房的温度一般较高,要通过安装空调,来调节机房内的温度。

2. 正确开启空调

首先检查空调的空开是否已经打开,然后打开空调的电源开关,让空调进行正常的运转,用手或其他部位感觉一下空调的出风口是否有冷风吹出来。

其次,若是打开空调后,发现没有制冷效果,应及时向计算机管理人员报告。

课题二 关闭计算机后,电气设备的安全操作

一、关闭计算机房电源开关

在所有的计算机已经关机后,就可以关闭机房的电源开关。一般情况下是将空开的开关拨下,如图1.2所示。

二、计算机房空调的关闭

在关闭所有计算机的电源后,就可以关闭空调了。直接按空调的关闭按钮或用遥控板,关闭空调。再关闭空调的空开,最后关闭照明设备的电源。

图 1.2 关闭空开

任务二 计算机的基本操作

课题一 正确开启、关闭计算机

一、计算机的正确开机

1. 正常开机

（1）打开显示器电源。在电源供电正常后，就可以开启计算机了。首先按下显示器电源开关按钮，打开显示器的电源，显示器的指示灯先变绿再变黄，说明显示器正常通电了，由于没有打开计算机主机电源，所以显示器无法检测到主机输出显示信号，指示灯变黄了。

（2）开主机。按下计算机主机的电源开关按钮，打开计算机主机电源。这时可以看见显示器的屏幕已经有了信号显示，计算机灯亮了，进入操作系统后，可以正常使用计算机。

2. 开机时，简单故障的排除

（1）机房内的显示器最好不要在同一时刻打开，避免冲击电流过大，会使空开断开。

（2）计算机主板上对 BIOS 芯片供电的 CMOS 电池由于使用时间过长而失效，需进入 BIOS 后进行简单保存后，再退出。

开机时，如果能注意这些细节，就可以避免一些问题的出现。

二、计算机房网络设备的正确开启

现在大多数的大型机房，都配有交换机或者路由器，这些设备的正常运行，保护着计算机在网络方面的正常使用，所以开机后，应该打开计算机房内的网络设备，如图 1.3 所示。

三、计算机的正确关机

计算机使用后，应正确关闭。方法如下：

1. 使用开始菜单中的关机

使用"开始"菜单中的"关机"，在弹出的对话框中选择"关机"，再选择"确定"，如图 1.4 所示。

2. 快速关机

同时按下"Ctrl + Alt + Del"键，在主菜单中选择关机，也可以实现计算机的正常关机。

3. 注意事项

不能认为关机就是直接关掉总电源，或者直接按计算机机箱面板上的电源开关按钮，甚至

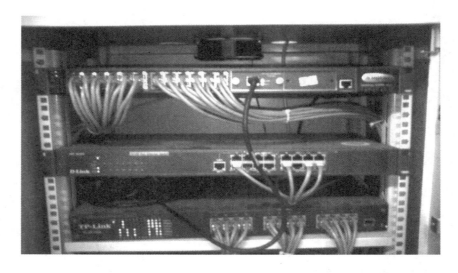

图 1.3 计算机房的网络交换设备

图 1.4 使用开始菜单中的关机

认为关掉显示器电源就是关机了。这些操作都是不正确的操作,是有损计算机硬件系统的操作。

四、其他电气设备的关闭

计算机房内的交换设备和照明设备是计算机机房内一项重要设备,在不进行使用时应该关闭。所以关闭完其他设备后就要关闭交换设备和照明设备。

课题二 计算机房基本硬件、软件的维护操作

一、基本硬件的维护操作

1. 计算机房散热环境的维护

计算机内部的主板、CPU、内存条及其他配件大多数是由半导体材料与其他材料组成,运行过程中会发热,而散热良好是计算机正常运行的基本条件,所以计算机房内在气温比较高时就应打开空调。

2. 保持计算机内外环境的清洁

计算机内部由于高速运转的风扇和静电原因,吸附了大量的灰尘,大量灰尘的堆积也会严重影响计算机的散热,所以要定期清理计算机机箱内部的大量灰尘。清理过程不能用水,只能用吸尘器和软毛刷。

计算机外部环境的维护就是对计算机房清洁卫生的维护,应保持计算机房整洁干净。

二、基本软件的维护操作

1. 防范病毒

计算机房的机器使用量特别大,使用时间特别的长,使用者的计算机软件知识有所差别,特别是在网络防病毒方面更是如此,所以计算机染病毒是比较常见的事,要经常查看计算机房内的计算机系统,将病毒扼杀在单机状态,防止已梁病毒在机房内传播。

2. 计算机系统的维护

学生在机房上机时,对于计算机系统软件知识的不足和计算机硬件知识的匮乏,比较容易造成计算机系统主机崩溃,对于系统崩溃的主机要及时维护,不要造成大面积的主机瘫痪。

三、计算机房操作流程

来到计算机房,首先应打开机房电源。打开机房电源时,应注意检查电源空开有无破损现象。若网络交换设备是独立配备电源,应打开网络交换设备的电源。若气温过高,应打开机房内的空调。其次打开显示器电源,观察并确认显示器是否正常工作。打开计算机主机,进入操作系统,开始相应的操作。

不使用计算机时,要关闭计算机。先关主机,再关闭显示器的电源,最后关掉空调、网络交换设备的电源,再关掉机房的电源开关。

项目二　认识 AutoCAD

项目内容

1. AutoCAD 概述
2. AutoCAD 2006 的中文版工作界面

项目目标

1. 能启动 AutoCAD 2006
2. 熟悉 AutoCAD 2006 中文版工作界面

项目实施过程

任务一　AutoCAD 概述

一、AutoCAD 的历史及应用

AutoCAD 是美国 Autodesk 公司开发的通用计算机辅助绘图和设计软件,其英文全称为 Auto Computer Aided Design(即计算机辅助设计,简称 AutoCAD)。自 20 世纪 80 年代第一次引进中国以来,经 V2.6、R9、R10、R12、R13、R14、AutoCAD 2000、AutoCAD 2002、AutoCAD 2004、AutoCAD 2006 等典型版本,在中国已经有 20 多年的历史。经过多年的发展,AutoCAD 的功能不断完善,从最初的简易二维绘图到现在的集三维设计、真实感显示、通用数据库管理、Internet 通信为一体的通用计算机辅助设计软件包,并与 3D Max、Lightscape、Photoshop 等软件相结合,能实现具有真实感的三维透视和动画图形功能。其应用领域逐渐扩大,目前,AutoCAD 不仅大规模地应用在机械、建筑、造船、航天、电子、石油、化工、冶金等行业,而且在服装、气象、地理、航海、拓扑等特殊图形方面,甚至在乐谱、幻灯片、广告等领域也开辟了极其广阔的市场。

二、AutoCAD 的特点

AutoCAD 的特点主要有以下 4 个方面:

1. 精确

AutoCAD 能够精确绘图,实现快速定位。

2. 简捷

AutoCAD 的命令直观、操作方便,按用户的需要选择,自由度大。

3. 高效

AutoCAD 有很多提高效率的功能,如图块、外部参照等。

4. 条理清晰

AutoCAD 采用分层管理、图纸集管理器功能,能够很有条理地管理图层、图纸。

三、AutoCAD 的主要功能

AutoCAD 的主要功能有：

1. 绘制二维图形，标注尺寸，输入文字

AutoCAD 能绘制二维图形，标注尺寸，输入文字，如图 2.1 所示。

（1）AutoCAD 能精确、简捷、高效、条理清晰地绘制各种平面图形。

（2）AutoCAD 能输入和编辑文字，创建和调用文字样式。

（3）AutoCAD 能简捷、高效、条理清晰地标注尺寸，它还提供了各种标注样式，以满足各种尺寸标注的需要。

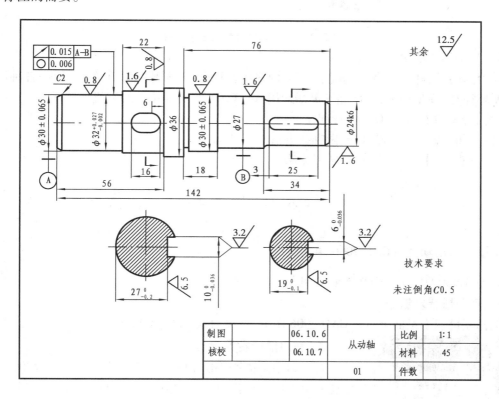

图 2.1　AutoCAD 能绘制二维图形，标注尺寸，输入文字

2. 绘制三维图形

AutoCAD 能实现曲面和实体的造型设计，并能对图形进行渲染，使其具有质感，如图 2.2 所示。

3. 打印输出

AutoCAD 能简捷、高效地打印输出所绘制的图形，可设置各种布局和打印样式，以适应各种类型的打印和绘图设备的需要。

四、本书的目的及任务

在保证安全的前提下，能用 AutoCAD 绘制零件图和轴测图，能初步绘制三维图形，能按机械图样的格式打印输出所绘图形。

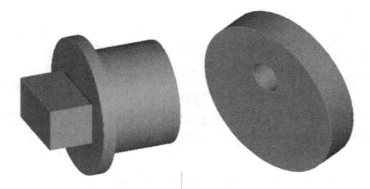

图 2.2　AutoCAD 绘制的三维图形

五、AutoCAD 的学习方法

在绘图的过程中,体会、理解、掌握 AutoCAD 各种命令,利用这些命令,去绘制各种图形,如此循环往复、逐步提高,以便能够灵活运用 AutoCAD,得心应手地绘制机械图样。

【想一想 1-1】　AutoCAD 的特点。

【想一想 1-2】　AutoCAD 能做哪些事情?

【想一想 1-3】　AutoCAD 的学习方法。

任务二　认识 AutoCAD 2006 中文版

课题一　启动 AutoCAD 2006 中文版

启动 AutoCAD 2006 中文版的常用方法有三种:

一、利用鼠标左键启动

鼠标左键双击桌面上 AutoCAD 2006 图标,就可启动 AutoCAD 2006。

图 2.3　利用鼠标右键
　　　启动 AutoCAD

二、利用鼠标右键启动

右击(鼠标右键点击,以后同)桌面上 AutoCAD 2006 图标,出现一个菜单,单击(鼠标左键点击,以后同)菜单中的"打开"命令,就可启动 AutoCAD 2006。如图 2.3 所示。

三、在"开始"中启动

单击"开始",依次选取"所有程序"、"Autodesk"、"AutoCAD 2006-Simplified Chinese"、单击"AutoCAD 2006",就可启动 Auto-CAD 2006,如图 2.4 所示。

【自己动手 2-1】　用三种方法启动 AutoCAD 2006 中文版,进入它的工作界面。

课题二　熟悉 AutoCAD 2006 中文版工作界面

启动 AutoCAD 2006 中文版后,就可进入它的工作界面,如图 2.5 所示。

图2.4 在"开始"菜单中启动 AutoCAD

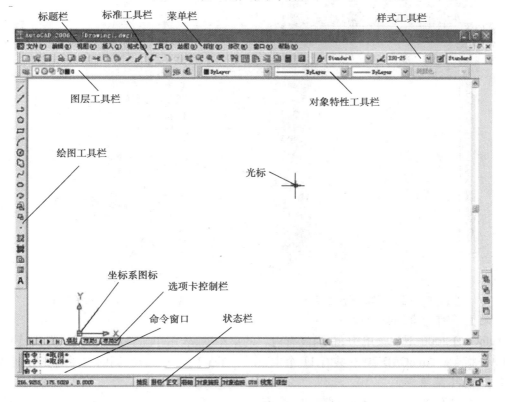

图2.5 AutoCAD 2006 中文版工作界面

一、标题栏

与一般的 Windows 应用程序类似,其左侧显示 AutoCAD 2006 的图标及当前所操作图形文件的名称(图中文件名称是 Drawing. dwg),右侧的三个按钮,可以分别实现 AutoCAD 2006 窗口的最小化、最大化(或还原)、关闭等操作。

二、菜单栏

菜单栏为 AutoCAD 2006 下拉菜单的主菜单。单击菜单栏中的某一项会弹出相应的下拉菜单,如单击菜单栏中的"绘图"项,就会出现"绘图"项的下拉菜单,如图 2.6 所示。

AutoCAD 2006 下拉菜单有三点需要说明:

1. 右面有小三角的菜单项

AutoCAD 2006 下拉菜单中,右面有小三角的菜单项,表示该项还有子菜单,图 2.6 中"绘图"项的"圆弧"、"圆"等右面都有小三角,则表明它们还有子菜单,如果单击它们,则会出现各自的子菜单。如单击"圆弧",就会出现"圆弧"的子菜单,如图 2.7 所示。

2. 右面有省略号的菜单项

AutoCAD 2006 下拉菜单中,右面有省略号的菜单项,表示单击该菜单项后,会出现一个对话框。图 2.6 的"绘图"项中的"表格"、"图案填充"等的右面都有省略号,则表明它们有对话框,如果单击它们,则会出现各自的对话框,如单击"图案填充",就会出现"图案填充"的对话框,如图 2.8 所示。

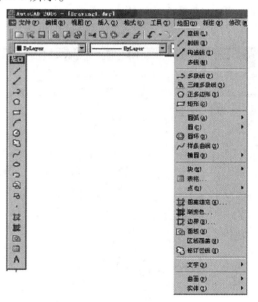 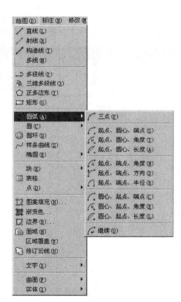

图2.6 "绘图"项的下拉菜单　　　　　图2.7 "圆弧"的子菜单

3. 右面没有内容的菜单项

AutoCAD 2006 下拉菜单中,右面没有内容的菜单项,表示单击该菜单项后,将执行对应的 AutoCAD 指令。AutoCAD 2006 共有 11 个主菜单,如图 2.9 所示。它们的主要功能分别是:

1."文件"菜单

"文件"菜单的主要功能是:创建、打开、保存、打印管理文件以及图形特性设置等操作,如图 2.10 所示。

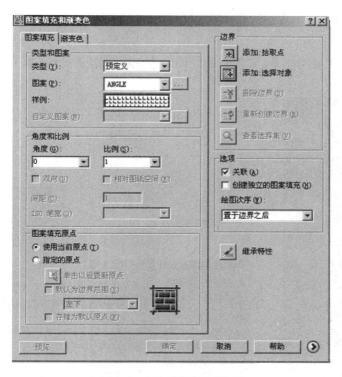

图 2.8 "图案填充"对话框

图 2.9 AutoCAD 2006 的 11 个主菜单

2."编辑"菜单

"编辑"菜单的主要功能是:剪切、复制、粘贴、删除对象以及命令的撤销等操作,如图 2.11 所示。

3."视图"菜单

"视图"菜单的主要功能是:重生成、缩放、平移、三维动态观测、着色、渲染视图等操作,如图 2.12 所示。

4."插入"菜单

"插入"菜单的主要功能是:插入图形、符号等操作,如图 2.13 所示。

5."格式"菜单

"格式"菜单的主要功能是:设置图形、图层、线条、点、文字、表格等格式操作,如图 2.14 所示。

6."工具"菜单

"工具"菜单的主要功能是:实现系统的管理、控制、调用,各种参数的设置,坐标系的转换等操作,如图 2.15 所示。

7."绘图"菜单

"绘图"菜单的主要功能是:实现各种绘图命令、文字、表格、图案填充等操作,如图 2.16 所示。

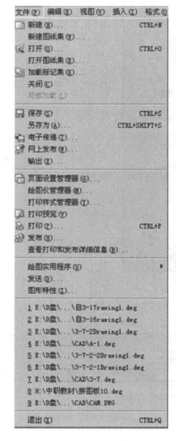

图 2.10 "文件"菜单   图 2.11 "编辑"菜单   图 2.12 "视图"菜单

8."标注"菜单

零件图和装配图的尺寸标注就在此。其主要功能是:实现所画图形的尺寸标注操作,如图 2.17 所示。

9."修改"菜单

零件图和装配图的编辑修改命令就在此。其主要功能是:实现所画图形的编辑操作,如图 2.18 所示。

10."窗口"菜单

"窗口"菜单的主要功能是:对已打开的多个窗口进行适当的排列,如图 2.19 所示。

11."帮助"菜单

"帮助"菜单的主要功能是:提供各种帮助信息,如图 2.20 所示。

图2.13　"插入"菜单　　图2.14　"格式"菜单　　图2.15　"工具"菜单　　图2.16　"绘图"菜单

图2.17　"标注"菜单　　图2.18　"修改"菜单　　图2.19　"窗口"菜单　　图2.20　"帮助"菜单

【自己动手2-2】 分别打开11个主菜单,看看它们的内容。

提示:

> ● 如果出现图形失真,请依次单击"视图"、"重生成"即可。
> ● 右击,可以打开快捷菜单,但不同的操作或光标在界面不同的位置右击,引出的快捷菜单不尽相同。

三、工具栏

工具栏是用图标显示的命令集合,是 AutoCAD 2006 命令的快捷方式,共有 30 多个。

1. 默认设置下,AutoCAD 2006 工作界面上的工具栏

在默认设置下,在它的工作界面上显示出的工具栏有:

(1)"标准"工具栏,如图2.21 所示。

(2)"样式"工具栏,如图2.22 所示。

(3)"图层"工具栏,如图2.23 所示。

(4)"对象特性"工具栏,如图2.24 所示。

(5)"修改"工具栏,如图2.25 所示。

(6)"绘图"工具栏,如图2.26 所示。

图2.21 "标准"工具栏

图2.22 "样式"工具栏　　　　　图2.23 "图层"工具栏

图2.24 "对象特性"工具栏

图2.25 "绘图"工具栏　　　　　图2.26 "修改"工具栏

2. 打开或关闭工具栏的方法

右击任何工具栏的区域,可弹出工具栏快捷菜单,单击需要选择的工具栏,就可打开该工具栏,如图2.27 所示。

工具栏快捷菜单中,工具栏名称前面有"√"的,表明该工具栏已打开。图2.27 中,"标注"、"对象特性"、"绘图"、"绘图次序"、"图层"等工具栏名称前面有"√",表明已打开了这些工具栏,即 CAD 界面上肯定有这些工具栏。

在打开的工具栏中,单击位于右上角的关闭按钮▣,就可关闭该工具栏。

提示：

　　●工具栏可拖到界面上任意位置,可调整其大小。
　　●界面上不要打开太多的工具栏,否则,会使绘图区域变小。
当需要频繁地使用某个工具栏时,可打开该工具栏;如果一段时间
不使用某个工具栏,就可关闭该工具栏。

　　【自己动手2-3】　打开快捷工具栏,拖到界面不同位置处,调整其
大小。

　　【自己动手2-4】　关闭某个快捷工具栏。

四、绘图窗口

　　绘图窗口相当于手工绘图的图纸,以栅格(白点)显示,是用户进
行图形的绘制、编辑的区域。绘图窗口有十字线表示的光标、坐标系、
栅格(白点)。默认情况下,绘图窗口为黑色。

　　1.十字线光标的调整

　　十字线光标的大小要合适,其调整方法是：

　　(1)在绘图窗口任意处,右击,会出现一个快捷菜单,如图2.28
所示。

　　(2)单击"选项",会出现"选项"对话框,如图2.29所示。

　　(3)在对话框中,拖动 按钮,可调整光标的大小。向右拖动
按钮,光标就越大;反之,光标就越小。

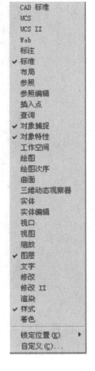

图2.27　打开工具栏
　　　快捷菜单

提示：

　　●如果不能出现图2.29的内容,请单击"显示"。

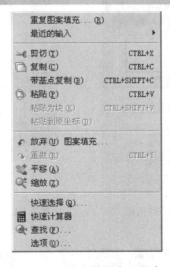

图2.28　右击绘图窗口任意
处出现的快捷菜单

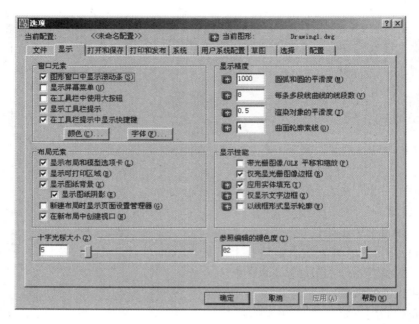

图 2.29　"选项"对话框

2. 绘图窗口颜色的调整

（1）打开图 2.29 所示的"选项"对话框，单击"颜色"，就会出现"颜色选项"对话框，如图 2.30 所示。

（2）单击"颜色（C）"的下拉箭头，选择你需要的颜色，如图 2.31 所示。

（3）单击"应用并关闭"，单击"确定"，关闭"颜色选项"对话框。则完成绘图窗口的颜色调整。

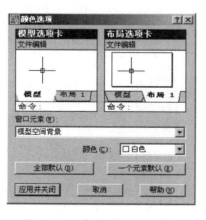

图 2.30　"颜色选项"对话框

图 2.31　绘图窗口颜色的调整

3. 坐标系图标的开或关

（1）单击"视图"，依次选取 显示(L) 、UCS 图标(U) 、单击 ✓ 开(O) ，如图 2.32 所示。

（2）如果"开"的左面有"√"，表明已打开坐标系，此时，如单击"开"，"√"消失，关闭坐标系。

(3)如果"开"的左面无"√",表明已关闭坐标系,此时,如单击"开","√"出现,打开坐标系。

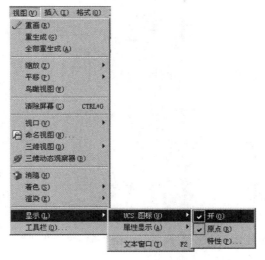

图 2.32 打开或关闭坐标系图标

4.栅格的开或关

(1)如果屏幕上无栅格(没有白点),就单击"栅格",则出现栅格,这叫开栅格(命令行中为"栅格开")。

(2)如果屏幕上有栅格(有白点),当单击"栅格"时,则不出现栅格,这叫关栅格(命令行中为"栅格关")。

(3)如果栅格间距不合适,右击"栅格",单击"设置",如图 2.33 所示,出现图 2.34 所示的"草图设置"窗口。在窗口中的"启用栅格"左面的方框内,用鼠标左键点一下,方框内出现"√",在"栅格 X 轴间距"和"栅格 Y 轴间距"右面的方框内输入数字,一般为 10 或 5,确定好以后,单击"确定"按钮,回到界面。

提示:

> ●"启用栅格"左面的方框内如有"√",则表示已启用该项,如再点一下,则无"√";方框内如无"√",则表示没有启用该项,如再点一下,则有"√"。
> ●栅格间距不能太小,否则将导致图形模糊及屏幕重画太慢,甚至无法显示栅格。
> ●栅格的 X 轴间距与 Y 轴间距,可以相同,也可以不同,应根据需要而定。

【自己动手 2-5】 调整光标的大小。

【自己动手 2-6】 选择喜欢的颜色。

【自己动手 2-7】 打开或关闭坐标系图标。

【自己动手 2-8】 打开或关闭栅格。

【自己动手 2-9】 调整栅格间距。

【自己动手 2-10】 试着操作"选项"对话框中的内容。

五、选项卡控制栏

单击"模型"或"布局",就可在模型空间与布局之间的切换。

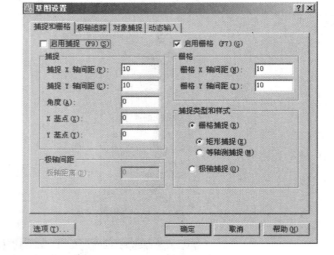

图2.33　右击栅格,选取设置　　　　　　　图2.34　"草图设置"窗口

【自己动手2-11】　切换"模型"与"布局"。

六、状态栏

1. 状态栏的内容

状态栏的内容有:捕捉、栅格、正交、极轴、对象捕捉、对象追踪、DYN、线宽、模型。状态栏如图2.35所示。

图2.35　状态栏

2. 状态栏的作用及其打开(关闭)方法

状态栏用于反映当前的绘图状态,如是否打开、或关闭"栅格"、"正交"等,它们的开或关的操作方式同前面所述打开或关闭"栅格"的方法。状态栏内容的具体功能,在以后的内容中将予以讲述。

图2.36　"状态栏显示图标"菜单

3. 状态栏右面两按钮的作用

状态栏右面有通信中心按钮和状态栏显示图标。单击前者,可以通过Internet,对软件进行升级并获得相关的支持文档;单击后者,可以引出"状态栏显示图标"菜单,如图2.36所示。通过它,可以确定状态栏上显示的内容:如有"√",状态栏上就有该内容;去掉(单击)"√",状态栏上就无该内容。

【自己动手2-12】　去掉或引入状态栏的内容。

七、命令窗口

1. 命令窗口的作用

命令窗口是AutoCAD显示用户键入的命令和显示AutoCAD提示信息的地方。默认时,AutoCAD在窗口中保留最后3行所执行的命令或提示的信息。用户可以根据需要,改变命令窗口的大小,以便显示更多的内容。

2. 命令行

位于命令窗口最下面的行,称为命令行。命令行用于输入命令和显示系统的提示,用户可以根据系统的提示,进行相应的操作。当命令行上只有"命令:"时,可通过键盘输入新的 AutoCAD 命令,也可通过按键盘上的"Esc"按钮,中断当前操作,执行新的操作。

3. 文本窗口

按 F2 键可以打开文本窗口,如图 2.37 所示,用于显示 AutoCAD 命令的输入和执行的过程。

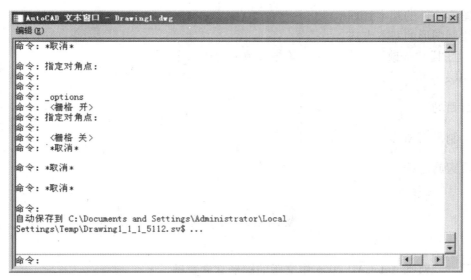

图 2.37　文本窗口

【自己动手 2-13】　调整命令窗口的大小。

【自己动手 2-14】　打开文本窗口。

项目三　AutoCAD 平面图形的绘制

项目内容

1. 图形文件的基本管理
2. 绘制图形的基本方法
3. "绘图"、"修改"、"对象捕捉"等主菜单的常用命令
4. 图层

项目目的

能绘制平面图形

项目实施过程

任务一　熟悉坐标画线的两种方法

课题一　熟悉 AutoCAD 2006 中文版的图形文件管理

一、创建新图形文件

创建新图形文件有三种方法：

1. 利用"文件"菜单，创建新文件

（1）单击"文件"、选取"新建"，如图 3.1 所示，单击"新建"，打开"选择样板"对话框，如图 3.2 所示。

（2）在"选择样板"对话框中，选择一个合适的样板文件，单击 打开⑩ 按钮，就可创建一个新的样板图形文件。

（3）在您创建的样板图形文件中，就可绘制图形。

提示：

> ●AutoCAD 样板的文件格式为："．dwt"，可在"文件类型"中选取（单击下拉箭头）。
> ●如果不想使用样板文件，请在"选择样板"对话框中，单击 打开⑩ 按钮右侧的下拉箭头 ▾，在弹出的下拉菜单中，选择"无样板打开—英制"或"无样板打开—公制"选项，以打开新的无样板图形文件，如图 3.3 所示。

2. 利用"标准"工具栏，创建新文件

单击"标准"工具栏中的 按钮（"新建"按钮），如图 3.4 所示，打开如图 3.2 所示的"选

择样板"对话框,以后的操作与"1.利用'文件'菜单,创建新文件"的操作相同。

图 3.1　单击"文件",　　　　　　　图 3.2　"选择样板"对话框
　　选取"新建"

图 3.3　不使用样板文件

新建图标

图 3.4　"标准"工具栏中的"新建"按钮

3.利用输入命令,创建新文件

在命令行中输入:"NEW"命令,回车。打开如图 3.2 所示的"选择样板"对话框,以后的操作与"1.利用'文件'菜单,创建新文件"的操作相同。

提示:

> ●在 AutoCAD 提供的样板文件中,以 Gb_ax(x 为从零到 4 的数字)开头的样板文件,基本符合我国的制图标准,如它们的图幅、标题栏、文字样式、尺寸样式的设置等,与我国的制图标准基本一致。其中以 Gb_a0、Gb_a1、Gb_a2、Gb_a3、Gb_a4 开头的样板文件的图幅尺寸,分别与 0 号、1 号、2 号、3 号、4 号图形的图幅相对应。
>
> ●用户可以根据需要,创建自己的样板文件。方法为:绘制好样板文件需要的图形,如图幅框、标题栏等,并进行有关设置,如文字样式、尺寸样式的设置等,将该图形以".dwt"格式命名保存。
>
> ●根据样板文件,创建新图形文件后,AutoCAD 一般要显示布局(样板文件:acad.dwt,acadiso.dwt 除外)。布局主要用于打印图形时,确定图形相对于图纸的位置。用户可单击绘图区下方的模型标签,切换到绘图所需的模型空间。

【自己动手 3-1】 用以上三种方式,创建新的样板图形文件。

二、打开图形文件

打开图形文件有三种方法:

1.利用"文件"菜单,打开文件

(1)依次单击"文件"、"打开",打开"选择文件"对话框,如图 3.5 所示。

图 3.5 "选择文件"对话框

(2)在"选择文件"对话框中,选择需要打开的文件,单击 打开⑩ 按钮,就可打开该文件。

2.利用"标准"工具栏,打开文件

单击"标准"工具栏中的 按钮("打开"按钮),如图 3.6 所示,打开如图 3.5 所示的"选择文件"对话框,以后的操作与"1.利用'文件'菜单,创建新文件"的操作相同。

3.利用输入命令,打开文件

在命令行中输入:"OPEN"命令,回车,打开如图 3.5 所示的"选择文件"对话框,以后的操作与"1.利用'文件'菜单,创建新文件"的操作相同。

打开图标

图 3.6　"标准"工具栏中的"打开"按钮

【自己动手 3-2】　用以上三种方式,打开图形文件。

三、保存图形文件

保存图形文件有三种方法:

1. 利用"文件"菜单,保存文件

(1)依次单击"文件"、"保存",打开如图 3.7 所示的"图形另存为"对话框。

(2)在"图形另存为"对话框中,用户可选择自己设置的文件路径及文件夹,当然,也可在"图形另存为"对话框中,直接设置的文件路径及文件夹。用户可自己取一个文件名,如图 3.7 中的文件名为"图 1",单击 **保存(S)** 按钮,就可保存图形文件。

图 3.7　"图形另存为"对话框

2. 利用"标准"工具栏,保存文件

单击"标准"工具栏中的 按钮("保存"按钮),如图 3.8 所示,打开如图 3.7 所示的"图形另存为"对话框,以后的操作与"1. 利用'文件'菜单,创建新文件"的操作相同。

保存图标

图 3.8　"标准"工具栏中的"保存"按钮

3. 利用输入命令,保存文件

在命令行中输入:"QSAVE"命令,回车,打开如图 3.7 所示的"图形另存为"对话框,以后的操作与"1. 利用'文件'菜单,创建新文件"的操作相同。

4.设置密码,保存文件

(1)在"图形另存为"对话框中,单击右上方的"工具"按钮,如图3.9所示。

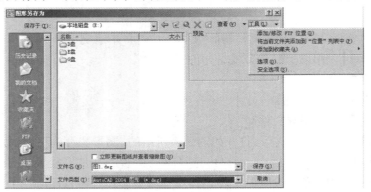

图3.9　单击"安全选项"

(2)单击"安全选项",打开如图3.10所示的"安全选项"对话框。

(3)单击"安全选项"对话框中的"密码"按钮,在"用于打开此图形的密码或短语"文本框中输入密码。单击确定,打开如图3.11所示的"密码确认"对话框。

(4)在"密码确认"对话框中,输入刚设置的密码,单击"确定"按钮。

(5)单击"保存"按钮,完成设置密码的形式,保存文件。

(6)在打开设置密码的文件时,系统会弹出一个对话框,要求用户输入密码。如果用户输入的密码正确,就能打开该文件;否则,就不能打开该文件。

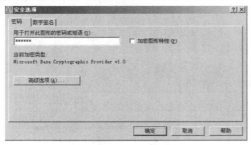 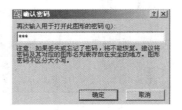

图3.10　"安全选项"对话框　　　　图3.11　"密码确认"对话框

提示:

●如果保存的文件已命名或直接以原文件名保存,则直接单击"保存",不会出现"图形另存为"对话框。

●在绘制图形过程中,要养成随时存盘的习惯,以防绘制图形的丢失。

●如果要把当前的文件另存,请依次单击"文件"、"另存为",打开如图3.7所示的"图形另存为"对话框。以后操作与保存文件相同。此外,利用"数字签名"选项卡,还可设置数字签名。

●CAD命令都可采用在命令行中输入CAD命令对应的英文单词的形式来操作,本书以后的内容,一般不讲这种方式。如果用户有一定的英语基础,可自己练习这种方式。

●CAD命令都有快捷工具栏的快捷按钮,用户可自己练习这种方式,本书以后的内容,一般不讲这种方式。

【自己动手3-3】 任意绘制一图形,用以上三种方式,保存图形文件。

【自己动手3-4】 任意绘制一图形,设置密码,保存文件并打开该文件。

四、关闭图形文件

1. 利用"文件"菜单,关闭文件

依次单击"文件"、"关闭"。

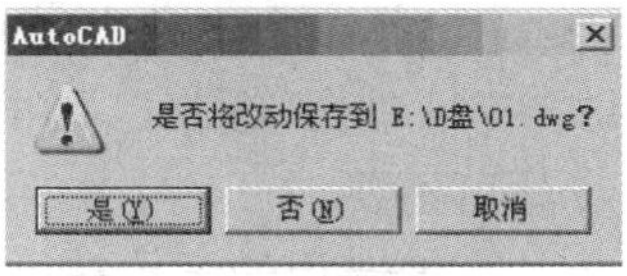

(1)如果当前文件已存盘,则直接关闭当前文件。

(2)如果当前文件未存盘,则打开如图3.12所示的对话框。

①当前文件,如果需要存盘后,再关闭,请单击 是(Y) 按钮,或回车。

②如果不需要存盘,就关闭,请单击 否(N) 按钮,或按"N"键。

③如果想取消关闭操作,请单击 取消 按钮。

图 3.12 存盘提示

(3)如果当前文件,未命名,当单击 是(Y) 按钮,或回车时,会打开如图3.7所示的"图形另存为"对话框,用户可设置文件路径、文件夹、文件名等,存盘后,再关闭。

2. 利用当前文件右上角的 ✕ 按钮,关闭文件

单击当前文件右上角的 ✕ 按钮,其他情况,按"文件"菜单"关闭文件"相对应的方式处理。

【自己动手3-5】 任意绘制一图形,用以上两种方式,关闭当前图形文件。

课题二 输入点的直角坐标画线

【实例3-1】 利用输入点的直角坐标,绘制图3.13。

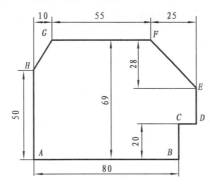

图 3.13 实例 3-1

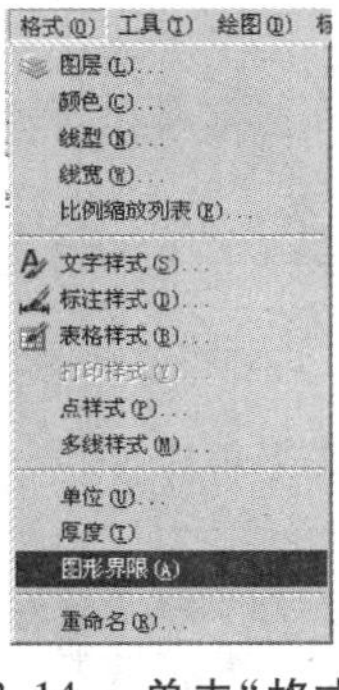

一、新建图形文件

依次单击"文件"、"新建",在"选择样板"对话框中,选择"acadI-SO-Named Plot Styles. dwt",单击 打开(O) 按钮,创建了一个新的样板图形文件。

二、设置图形界限

本图的图形界限可设为"130,100"。设置图形界限的步骤为:

1. 选画图的纸

(1)单击"格式",选取"图形界限",如图3.14所示。单击"图形界限",如图3.15。

图 3.14 单击"格式",
选取"图形界限"

(2)指定左下角点,输入左下角点的坐标:"0.0000,0.0000",或不

输入。如果左下角点的坐标是"0.0000,0.0000",一般不输入。当然,用户可自行设置左下角点的坐标,回车,如图 3.16 所示。

（3）指定右上角点,输入右上角的坐标:"130,100",如图 3.17 所示,回车。

（4）单击"栅格",则屏幕左下角出现黑点(栅格),如图 3.18 所示。如果屏幕上有黑点,该步骤可不要。

2. 把选用的纸放在屏幕正中

单击"视图",选取"缩放",单击"全部",如图 3.19 所示,完成图形界限的设置。

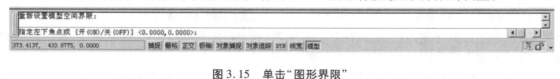

图 3.15　单击"图形界限"

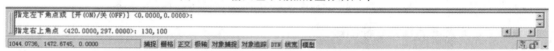

图 3.16　输入左下角点的坐标后回车

图 3.17　输入坐标:"130,100"

图 3.18　输入坐标:"130,100"后,回车,单击"栅格"(注意图上的黑点在左下角)

提示:

●设置图形界限是请您选一张合适的纸绘制该图,然后把选用的纸放在屏幕正中。
●CAD 操作,一定要看命令行并按命令行的提示,进行操作。

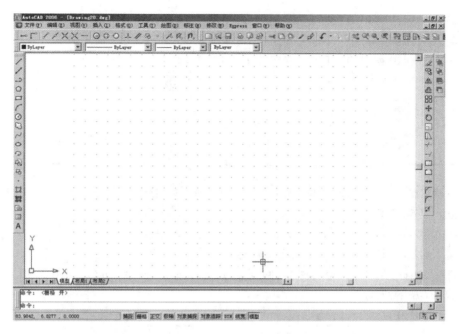

图 3.19 单击"视图",选取"缩放",单击"全部"(注意图上的黑点)

三、画图

本图从左边的 *A* 点开始,顺时针画出图形 *ABCDEFGH*,或逆时针画出图形 *ABCDEFGH*。其步骤为:

1. 逆时针画 *ABCDEFGH*

(1)依次单击"绘图"、"直线",如图 3.20 所示。

(2)在栅格内左下角部位某处,点一点,确定点 *A*,如图 3.21 所示。

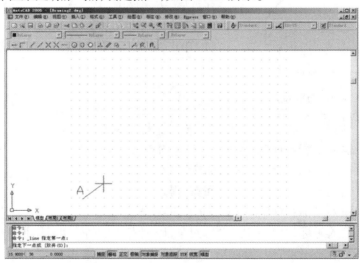

图 3.20 单击"绘图", 图 3.21 栅格内左下角部位某处,点一点,确定点 *A*
选取"直线"

27

（3）输入坐标："@80,0"，回车，确定点 B，如图 3.22 所示。

（4）输入坐标："@0,20"，回车，确定点 C，如图 3.23 所示。

（5）输入坐标："@10,0"，回车，确定点 D，如图 3.24 所示。

（6）输入坐标："@0,21"，回车，确定点 E，如图 3.25 所示。

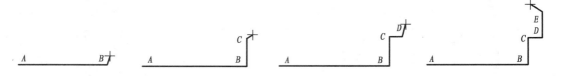

图 3.22　确定点 B　　图 3.23　确定点 C　　图 3.24　确定点 D　　图 3.25　确定点 E

（7）输入坐标："@-25,28"，回车，确定点 F，如图 3.26 所示。

（8）输入坐标："@-55,0"，回车，确定点 G，如图 3.27 所示。

（9）输入坐标："@-10,-19"，回车，确定点 H，如图 3.28 所示。

（10）输入坐标："@0,-50"，回车，回到点 A，如图 3.29 所示，回车，如图 3.30 所示，完成图形 $ABCDEFGH$ 的绘制。

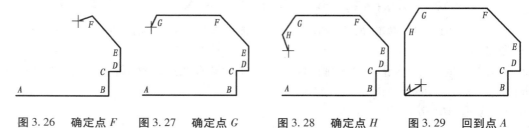

图 3.26　确定点 F　　图 3.27　确定点 G　　图 3.28　确定点 H　　图 3.29　回到点 A

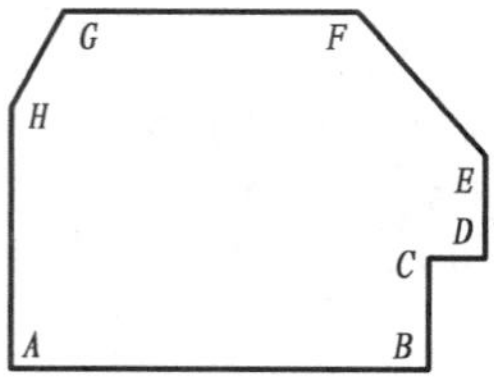

图 3.30　完成图形
$ABCDEFGH$ 的绘制

2. 保存、关闭图形

存盘后，关闭该图形。

3. 顺时针画 $ABCDEFGH$

（1）单击"绘图"中的"直线"，在栅格内左下角部位某处，点一点，得点 A。

（2）输入坐标："@0,50"，回车，得点 H。

（3）输入坐标："@10,19"，回车，得点 G。

（4）输入坐标："@55,0"，回车，得点 F。

（5）输入坐标："@25,-28"，回车，得点 E。

（6）输入坐标："@-21,0"，回车，得点 D。

（7）输入坐标："@-10,0"，回车，得点 C。

（8）输入坐标："@0,-20"，回车，得点 B。

（9）输入坐标："@-80,-0"，回车，回到点 A，回车，完成图形 $ABCDEFGH$ 的绘制。

28

提示：

●直角坐标的输入方式有两种：绝对坐标和相对坐标，绝对坐标是输入点到屏幕上坐标原点的位置；相对坐标是画后一点时，以前一点为坐标原点，如【实例 3-1】中，画点 B 时，以点 A 为坐标原点；画点 C 时，以点 B 为坐标原点；画点 D 时，以点 C 为坐标原点，等等。采用相对坐标的输入方法时，在坐标数值前要先输入"@"；采用绝对坐标时，则是直接输入。一般采用相对坐标的输入方法，很少采用绝对坐标的输入方法。

●直角坐标的输入格式为"@ x,y"或"x,y"，前者为相对坐标，后者为绝对坐标，x 表示点的横坐标值，y 表示点的纵坐标值，两坐标值间用逗号隔开。

●直角坐标的正负号的规定：沿坐标的正方向，取正；沿坐标的反方向，取负。

●如果发觉刚画的线段不对，可依次单击"编辑"、"放弃"，或在命令行中输入"U"，回车，就可取消上次画的线段。

●输入坐标时，一定要在"中文（中国）"状态下操作，如图 3.31 所示。

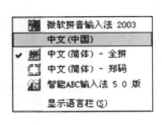

图 3.31　在"中文（中国）"
状态，输入坐标

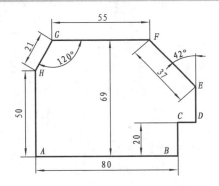

图 3.32　实例 3-2

课题三　利用点的极坐标画线

【实例 3-2】　利用输入点的极坐标，绘制图 3.32

图 3.32 与图 3.13 图形一样，但在图 3.32 中，线段 EF、GH 标注的是线段的长度和角度。在绘制线段 EF、GH 时，采用极坐标输入法，其他线段的绘制方法与【实例 3-1】一样。绘制过程如下：

一、新建图形文件

同【实例 3-1】

二、设置图形界限

同【实例 3-1】

三、画图

1. 绘制从点 A 到点 E 的图形

从点 A 到点 E 的绘制方法，同【实例 3-1】。

2. 绘制从点 E 到点 H 的图形

（1）输入相对极坐标："@ 37 < 132"，回车，得点 F。

（2）输入相对直角坐标："@ - 55,0"，回车，得点 G。

（3）输入相对极坐标："@ 21 < - 120"，回车，得点 H。

3. 绘制从点 H 到点 A 的图形

从点 H 到点 A 的绘制方法，同【实例 3-1】。

4. 保存、关闭图形

存盘后，关闭该图形。

提示：

● 极坐标的输入方式有两种：绝对极坐标和相对极坐标。绝对极坐标是输入点到屏幕上坐标原点的位置；相对极坐标是画后一点时，以前一点为坐标原点。采用相对极坐标的输入方法时，在坐标数值前要先输入"@"；采用绝对极坐标时，则是直接输入。一般采用相对极坐标的输入方法而很少采用绝对极坐标的输入方法。

● 极坐标的输入格式为"@ $R < \alpha$"或"$R < \alpha$"，俗称长度小于角度，前者为相对极坐标，后者为绝对极坐标。这里，我们只讲相对极坐标，α 表示所画线段与过线段起始点水平线的夹角（横线的正方向与 X 轴正方向相同）。我们通常称"起始点水平线"为起始边，所画"线段"为终边，α 就是起始边与终边的夹角。

● 极坐标角度正负号的规定：起始边到终边，如为逆时针，取正，如【实例 3-2】中线段 EF 的角度取正，当然，也可取 - 228；起始边到终边，如为顺时针，取负，如【实例 3-2】中线段 GH 的角度取负，当然，也可取 240。

● 再次强调：输入数据时，一定要在"中文（中国）"状态下操作。

【自己动手 3-6】 绘制【实例 3-1】

【自己动手 3-7】 绘制【实例 3-2】

【自己动手 3-8】 利用点的坐标绘制图 3.33。

【自己动手 3-9】 利用点的坐标绘制图 3.34。

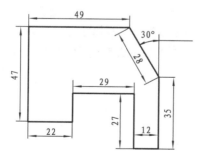

图 3.33

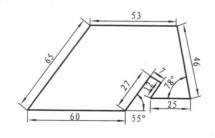

图 3.34

任务二　熟悉画线的其他方法

课题一　学会使用正交功能画线

【实例3-3】　利用正交功能,绘制图3.35

一、新建图形文件

创建一个新的样板图形文件,方法同【实例3-1】。

二、设置图形界限

本图的长为78,宽44,图形界限可设为:"120,80",方法同【实例3-1】。

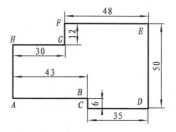

图3.35　实例3-3

三、画图

单击"正交",打开"正交"功能,从 A 点开始,逆时针或顺时针绘制该图形。

1. 逆时针绘制图形

(1)依次单击"绘图"、"直线",在栅格内左下角某处,点一点,得点 A。

(2)向右移动光标,输入线段 AB 的长度:"43",回车,得点 B,如图3.36所示。

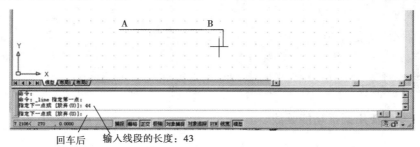

图3.36　线段 AB 的绘制

(3)向下移动光标,输入线段 BC 的长度:"6",回车,得点 C。

(4)向右移动光标,输入线段 CD 的长度:"35",回车,得点 D。

(5)向上移动光标,输入线段 DE 的长度:"50",回车,得点 E。

(6)向左移动光标,输入线段 EF 的长度:"48",回车,得点 F。

(7)向下移动光标,输入线段 FG 的长度:"12",回车,得点 G。

(8)向左移动光标,输入线段 GH 的长度:"30",回车,得点 H。

(9)向下移动光标,输入线段 HA 的长度:"32",回车,回到 A 点,回车,完成该图形的绘制,如图3.37所示。

2. 保存、关闭图形

保存后,关闭该图形。

3. 顺时针绘制图形

用户可自行绘制。

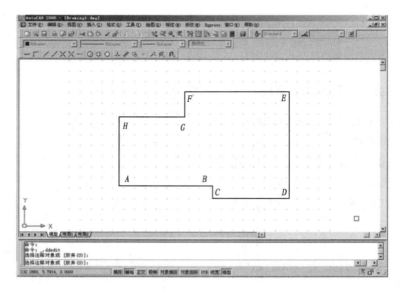

图 3.37　绘制图形 *ABCDEFGH*

提示：

●打开"正交"功能：单击"正交"，看命令行，如为"正交开"，则"正交"为开状态；如为"正交关"，则"正交"为关状态，再单击一下"正交"，正交就打开了。

●画水平线或垂直线时，一般要开"正交"；画斜线时，一般要关"正交"。

●再次强调，CAD 操作一定要看命令行。输入数据时，一定要在"中文（中国）"状态下操作。

课题二　学会使用捕捉功能画线

【实例 3-4】　绘制图 3.38。图中：*D* 点为线段 23 的中点，*B* 点为线段 45 的中点，*BC* 垂直于线段 16，点 *A* 为线段 16 上的任意点，点 *E* 为线段 34 上的任意点。

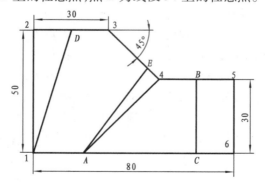

图 3.38　实例 3-4

一、对象捕捉

1. "对象捕捉"的解释

显示并捕捉已有图形的许多特征点：交点、端点、切点、垂足点、最近点等。绘图时，轻松地选取这些特征点，可以大大地提高工作效率。

2. "对象捕捉"的打开

打开"对象捕捉"的方法有三种：

(1)右击"对象捕捉"，左击"设置"，如图3.39所示，打开如图3.40所示的"草图设置"对话框。用户可勾选(在左边方框内用左键点一下，出现"√"，以下同)绘制图形所需的特征点，如本例需勾选"中点"、"交点"、"垂足"等。勾选完所需特征点后，单击 确定 ，关闭"草图设置"对话框，用户就可很轻松地选取这些点，绘制图形。

图 3.39　右击"对象捕捉"，左击"设置"

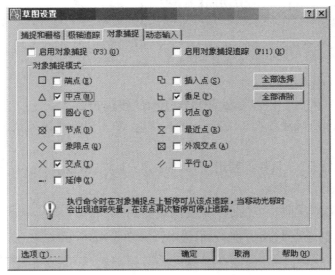

图 3.40　"草图设置"对话框

(2)依次单击"工具"、"草图设置"，打开"草图设置"对话框，如果没有打开如图3.40所示的内容，请单击 对象捕捉 ，就可打开如图3.40的内容。以后的操作同上。

(3)右击任何工具栏的区域，弹出工具栏快捷菜单，单击"对象捕捉"，打开如图3.41所示的"对象捕捉"工具栏。

图 3.41　"对象捕捉"工具栏

提示：

●"捕捉自"（ ![icon] ）工具，不是对象捕捉模式，但它经常与对象捕捉一起使用。在使用相对坐标指定下一个应用点时，"捕捉自"工具可以提示用户输入基点，并将该点作为临时参考点，采用相对坐标的输入方式输入坐标。

●"捕捉到外观交点"（ ✕ ）工具，指空间交点。而"捕捉到交点"（ ✕ ）工具，则必须是两条线相交。

●"草图设置"对话框的"对象捕捉"选项卡，设置的对象模式始终为运行状态，这种方式叫运行捕捉模式，直到关闭"对象捕捉"为止。

●打开或关闭运行捕捉模式，可单击状态栏上的"对象捕捉"按钮。

●勾选的内容不能太多，否则会影响绘制图形。一般方法是勾选绘制当前图形用得较多的特征点，用得较少的特征点，采用"对象捕捉"工具栏的方式选取。

二、新建图形文件
创建一个新的样板图形文件，方法同【实例3-1】

三、设置图形界限
本图的长为80，宽50，图形界限可设为："120,80"，方法同【实例3-1】

四、绘制图形
1. 绘制图形123456
（1）单击"正交"，打开"正交"模式，绘制线段16、线段65。
（2）光标左移，当所画线段大于线段54的长度时，单击鼠标左键确认，或回车，再回车，如图3.42所示。
（3）打开"对象捕捉"工具栏。利用"对象捕捉"工具栏，捕捉端点。
①依次单击"绘图"、"直线"。
②单击"对象捕捉"工具栏上的 ![icon] （捕捉到端点）。
③选取线段16的端点1（有方框，表示选中），如图3.43所示。

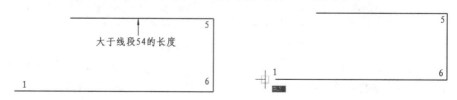

图3.42　绘制线段16、线段65及线段54　　　　图3.43　捕捉线段16的端点1

（4）单击左键，光标上移，根据前面的知识，绘制线段12、线段23，如图3.44所示。
（5）绘制线段34。关闭"正交"模式，利用相对极坐标的方式，绘制线段34，任取一个大于线段34的长度作为极坐标长度，如图3.45所示。
（6）运用"修剪"命令，剪掉不要的线段。方法如下：
①单击"修改"、选取"修剪"，如图3.46所示。
②单击"修剪"。
③单击欲修剪的线段，选取完毕，回车，如图3.47所示。

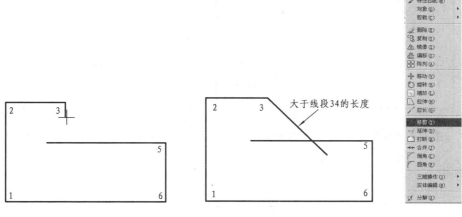

图 3.44　绘制线段 12、线段 23　　　　图 3.45　绘制线段 34　　　图 3.46　选取"修剪"

提示：

●被选取的线段或图形,如变为虚线,表示选中,否则,未选中。以下同。

④单击线段欲修剪的部分,单击完毕后,回车,如图 3.48 所示。

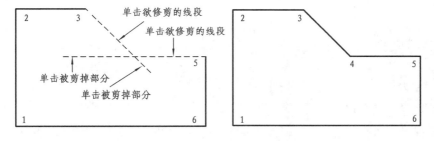

图 3.47　选取被修剪的线段：34 和 54　　　图 3.48　绘制好的图形 123456

2. 线段 34 与线段 54 未相交的处理方法

如果线段 34 与线段 54 未相交,如图 3.49 所示,即要延长线段 34 和线段 54,使它们相交。其处理方法为：

(1)向左延长线段 54。

①关闭"对象捕捉"和"对象追踪"。

②选取线段 54,单击线段 54 左边的小方框,如图 3.50 所示。

③光标向左移动到能与线段 34 的延长线相交的位置,单击左键,回车或按"Esc"键,如图 3.51 所示。

35

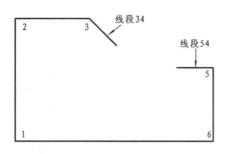

图 3.49　线段 34 与线段 54 未相交

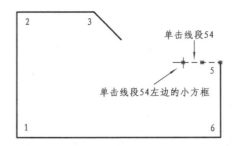

图 3.50　单击线段 54,再单击其左边的小方框

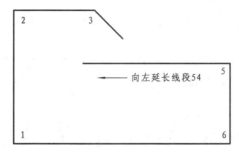

图 3.51　向左延长线段 54

提示:

●向哪个方向延长,就选取哪边的小方框。如果小方框被选中,方框颜色要变红;否则,就未选中。

●向线段内移动光标,就为缩短。

●发出某个命令后,可随时按"Esc"键,终止该命令,取消该操作,AutoACD 返回到命令行。

(2)延长线段 34。

①关闭"正交"(因线段 34 是斜线)。

②单击线段 34,单击线段 34 右下方的小方框。如图 3.52 所示。

③沿线段 34 右下方的延长线方向,移动光标,直至能与线段 45 相交,单击左键,如图 3.53 所示。

提示:

●一定要在 34 延长线的方向,移动光标。

④回车或按"Esc"按钮,得到如图 3.45 所示的形式。

(3)运用"修剪"命令,修剪线段不要的部分。

3. 删除线段的处理方法

删除线段,常用的处理方法有两种:

(1)利用"修改"菜单中的"删除"命令。其方法为:

①依次单击"修改"、"删除"。

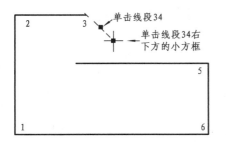

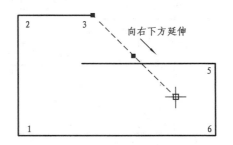

图 3.52　选取线段 34 及其右下方的小方框　　　图 3.53　向右下方延伸到合适位置,单击左键

②选取要删除的线段,回车,就可删除不要的线段。

(2)利用快捷菜单中的"删除"命令。其方法为:

①单击需要删除的线段(或几何图形),如图 3.54 所示。

②单击右键,出现一个快捷菜单,如图 3.55 所示。

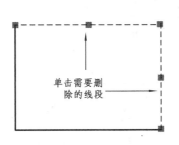

图 3.54　单击需要删除的线段　　　图 3.55　单击右键,出现一个快捷菜单

③单击"删除",就可删除选取的线段。

4. 绘制线段 D1、BC、A4、EA

(1)打开"草图设置"对话框,单击"对象捕捉"选项卡,勾选"中点"、"交点"、"垂足"。关闭"草图设置"对话框。

(2)单击对象捕捉、对象追踪,打开"对象捕捉"和"对象追踪"。

(3)绘制线段 D1。其步骤为:

①依次单击"绘图"、"直线"。

②选取线段 23,捕捉到线段 23 的中点(有红色的小三角形),如图 3.56 所示。

③单击左键,如图 3.57 所示。

④捕捉线段 1C 和线段 12 的交点 1,如图 3.58 所示。

⑤单击左键,回车(或按"Esc"键),完成线段 D1 的绘制,如图 3.59 所示。

(4)绘制线段 BC。其步骤为:

①打开"正交"功能。

②依次单击"绘图"、"直线"。(因紧接前面的直线绘制命令,此步骤可用回车键代替)。

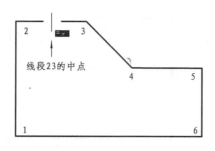

图 3.56 捕捉到线段 23 的中点

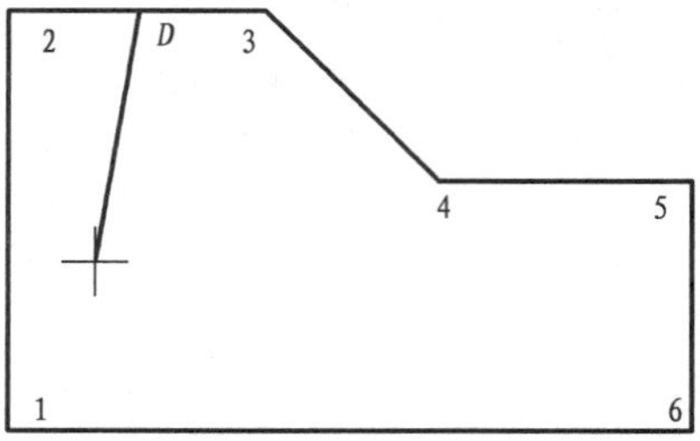

图 3.57 单击左键,出现的形式

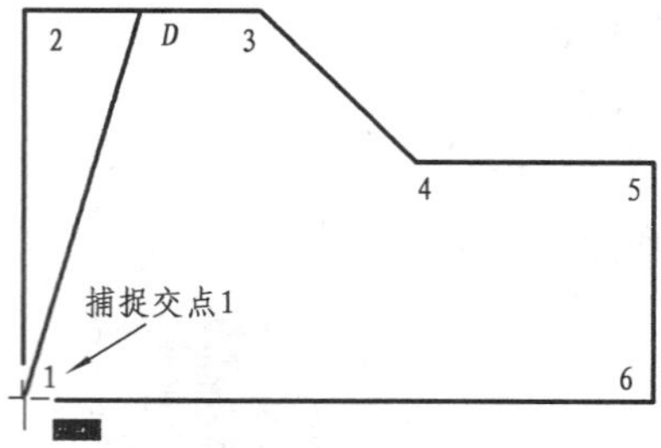

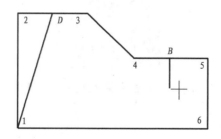

图 3.58 捕捉交点 1

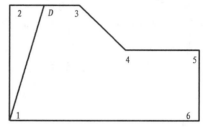

图 3.59 绘制线段 *D*1

③选取线段45,捕捉线段45的中点 *B*,单击左键,如图3.60所示。

④向下绘制垂线,捕捉垂足点 *C*,如图3.61所示,单击左键。

⑤回车或按"Esc"键。

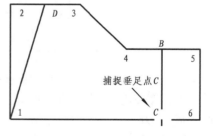

图 3.60 捕捉线段 45 的中点 *B*,单击左键

图 3.61 捕捉垂足 *C* 点

(5)绘制线段 4*A*。其步骤为:

①关闭"正交"功能。

②依次单击"绘图"、"直线"。(因紧接前面的直线绘制命令,此步骤可用回车键代替)

③捕捉交点 4,单击左键。

④单击 ⚓(捕捉到最近点),在线段 16 上,任选一点,如图 3.62 所示,单击左键。

⑤按回车或按"Esc"键。

(6)绘制线段 *AE*。其步骤为:

①依次单击"绘图"、"直线"。(因紧接前面的直线绘制命令,此步骤可用回车键代替)。

②捕捉交点 *A*,单击左键。

③单击 ⚓,在线段 43 上,任选一点,单击左键。

④回车或按"Esc"键,完成图形的绘制,如图 3.63 所示。

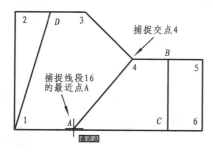

图 3.62 捕捉线段 16 的最近点

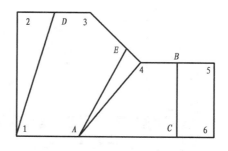

图 3.63 完成图形的绘制

5. 保存、关闭图形

存盘后关闭该图形。

【自己动手 3-10】 绘制【实例 3-3】。

【自己动手 3-11】 绘制【实例 3-4】。

【实例 3-5】 绘制图 3.64

本例的关键是画好图形 ABCD 后,如何确定点 E,绘制过程如下:

一、新建图形文件

创建一个新的样板图形文件。方法同【实例 3-1】。

二、设置图形界限

设置图形界限。方法同【实例 3-1】。

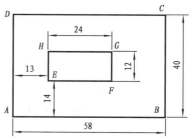

图 3.64 实例 3-5 的图形

三、绘制图形

1. 绘制图形 ABCD

运用前面的知识,绘制图形 ABCD

2. 绘制图形 EFGH

(1)打开"对象捕捉"工具条。

(2)打开"对象捕捉"和"对象追踪"。

(3)依次单击"绘图"、"直线"。

(4)单击"对象捕捉"工具条的 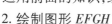("捕捉自"按钮),选取交点 A,单击左键,输入相对直角坐标:"@13,14",回车,确定了点 E,如图 3.65 所示。

(5)运用前面的知识,绘制剩余的几何图形。

3. 保存、关闭图形

存盘后,关闭该图形。

四、本图其他的两种绘制方法

1. 利用"复制"命令绘制

(1)绘制图 3.66 所示的部分。

(2)依次单击"修改"、"复制"。

(3)选取需要复制的线段 BC,如图 3.67 所示(虚线为选取的线段)。

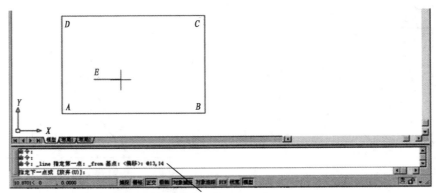

输入相对直角坐标："@13,14"

图 3.65　确定点 E

（4）回车,得到如图 3.68 所示的内容(注意命令行的内容)。

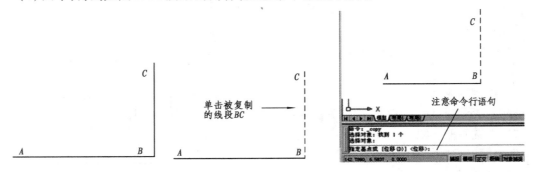

单击被复制的线段 BC

注意命令行语句

图 3.66　先绘制的部分　　　图 3.67　选取需要复制的线段　　　图 3.68　回车后出现的形式

（5）捕捉点 B 为基点。如图 3.69 所示。

（6）单击左键,得到如图 3.70 所示的内容(注意命令行的内容)。

（7）捕捉点 A 为点 B 复制到的位置,单击左键,回车,如图 3.71 所示。

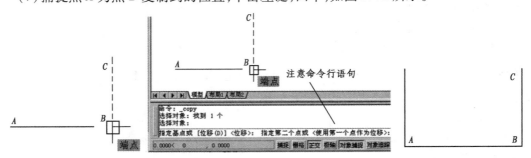

端点

注意命令行语句

端点

图 3.69　捕捉点 B 为基点　　　图 3.70　注意命令行的内容　　　图 3.71　复制线段 BC

（8）回车,按命令行的提示,重复复制线段 BC 的步骤,选取线段 AB,可复制线段 AB 的点 B 于线段 CD 的点 C,完成图形 ABCD 部分的绘制。

（9）同理,绘制图形 EFGH。

提示：

> ●一定要看命令行，并且按命令行提示的内容，一步一步地操作。
> ●重复刚使用过命令的方法是直接回车，如上例中复制线段 *BC* 后，回车，重复复制线段 *BC* 的步骤，就可复制线段 *AB*，而不需要单击"修改"、"复制""这个步骤。

2. 利用"偏移"命令绘制

（1）绘制图 3.66 所示部分。

（2）依次单击"修改"、"偏移"。在命令行中，输入偏移的距离："58"。

（3）回车，选取偏移的对象 *BC*，在线段左侧任意一位置，单击左键，完成线段 *BC* 的偏移。

（4）回车，按命令行的提示，重复偏移线段 *BC* 的步骤，可偏移线段 *AB*，完成图形 *ABCD* 部分的绘制。

（5）同理，绘制图形 *EFGH*。

提示：

> ●按命令行提示的内容，一步一步地操作。
> ●线段向哪边偏移，就在那边单击左键。

【自己动手 3-12】　利用以上三种方法绘制【实例 3-5】的图形。

【自己动手 3-13】　绘制图 3.72。

【自己动手 3-14】　绘制图 3.73。

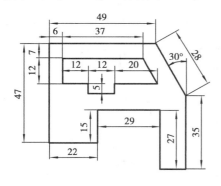

图 3.72

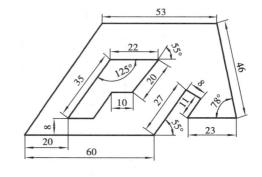

图 3.73

课题三　结合自动捕捉、自动追踪功能画线

【实例 3-6】　绘制图 3.74

一、新建图形文件，设置图形界限

根据前面的知识，新建一个图形文件，并设置图形界限。

二、绘制图形

1. 绘制图形 *ABCDEFGH*

根据前面的知识，绘制图形 *ABCDEFGH*。

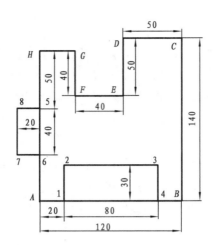

图 3.74　实例 3-6

2. 绘制图形 1234

（1）单击"对象捕捉"、"对象追踪"，打开自动捕捉、自动追踪功能。

（2）打开"草图设置"对话框的"对象捕捉"选项卡，勾选绘制本图所需要的主要特征点：端点、交点。关闭"草图设置"对话框。

（3）依次单击"绘图"、"直线"。捕捉点 A 为追踪参考点（不能回车）。光标向右追踪，如图 3.75 所示。

（4）输入线段 A1 的长度：20，回车，确定了点 1，如图 3.76 所示。

（5）单击"正交"，打开正交功能。运用正交功能绘制图形 1234，如图 3.77 所示。

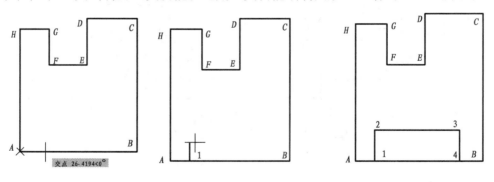

图 3.75　捕捉点 A 为追踪参考点　　图 3.76　确定点 1　　图 3.77　绘制图形 1234

3. 绘制图形 5678

（1）依次单击"绘图"、"直线"。捕捉点 H 为追踪参考点（不能回车），光标向下追踪，如图 3.78 所示。

（2）输入线段 H5 的长度：50，回车，确定了点 5，如图 3.79 所示。

（3）运用"正交"功能，绘制图形 5678，如图 3.80 所示。

4. 保存、关闭图形

存盘后关闭该图形。

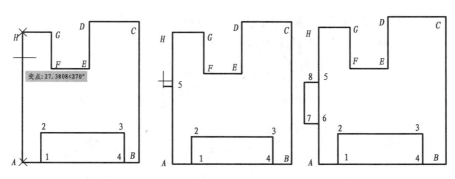

图 3.78　捕捉点 H 为追踪参考点　　图 3.79　确定点 5　　图 3.80　绘制图形 5678

提示：

●使用自动追踪功能时,必须打开"对象捕捉",AutoCAD 首先捕捉一个几何点作为追踪参考点,然后沿水平、竖直或设定的极轴方向追踪。

●建立追踪参考点时,不能单击左键或回车,否则 AutoCAD 就直接捕捉参考点,画重线。

【自己动手3-15】　结合自动捕捉、自动追踪功能,绘制【实例3-6】的图形。

课题四　结合极轴追踪、自动捕捉、自动追踪功能画线

【实例3-7】　绘制图 3.81

一、新建图形文件,设置图形界限

根据前面的知识,新建一个图形文件,并设置图形界限。

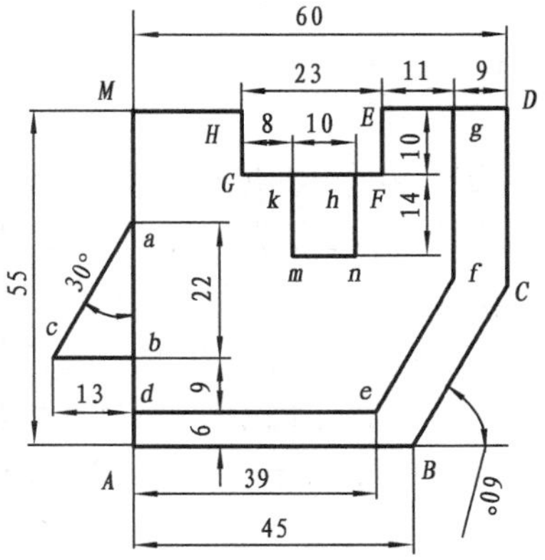

二、绘制图形

1. 绘制图形 ABCDEFGHM

（1）右击"极轴",左击"设置",打开"草图设置"对话框,进入"极轴追踪"选项卡。

（2）在"角增量"栏中,输入30°。

（3）在"对象捕捉追踪设置"区域中,选择"用所有极轴角设置追踪",如图 3.82 所示。

图 3.81　实例 3-7

（4）单击"对象捕捉"选项卡,勾选绘制本图所需要的主要特征点:端点、交点。

（5）单击"确定"按钮,关闭"草图设置"对话框。

（6）单击"极轴"、"对象捕捉"、"对象追踪",打开极轴追踪、自动捕捉、自动追踪功能。

（7）依次单击"绘图"、"直线"。在绘图区域左小角选取一点,作为点 A,光标向上追踪,如图 3.83 所示。

（8）输入线段 AM 的长度:"55",回车,绘制线段 AM,光标向右追踪,如图 3.84 所示。

（9）输入线段 MH 的长度:"17",回车,绘制线段 MH,光标向下追踪,如图 3.85 所示。

（10）输入线段 HG 的长度:"10",回车,绘制线段 HG,光标向右追踪,如图 3.86 所示。

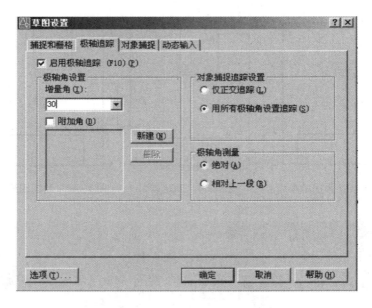

图 3.82　设置"极轴追踪"有关参数

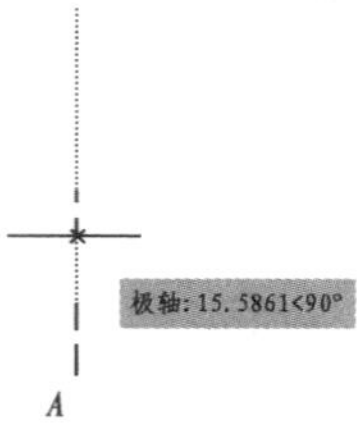

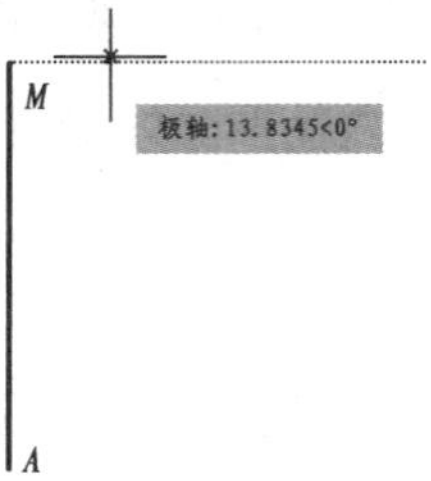

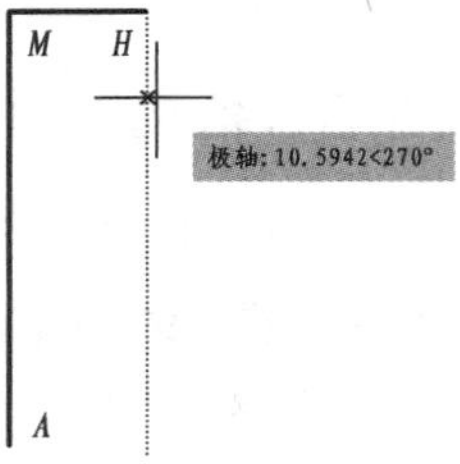

图 3.83　确定点 A,光标向上追踪　　　图 3.84　绘制 AM　　　图 3.85　绘制 MH

(11)输入线段 GF 的长度:"23",回车,绘制线段 GF,光标向上追踪,如图 3.87 所示。

(12)输入线段 FE 的长度:"10",回车,绘制线段 FE,光标向右追踪,如图 3.88 所示。

(13)输入线段 ED 的长度:"20",回车,绘制线段 ED,光标向下追踪,如图 3.89 所示。

(14)光标向下追踪到大于线段 DC 的长度时,单击左键,回车,如图 3.90 所示。

(15)依次单击"绘图"、"直线"。捕捉点 A,单击左键,光标向右追踪,如图 3.91 所示。

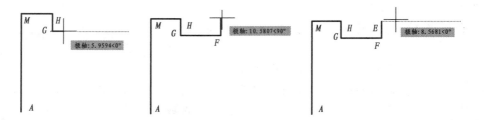

图 3.86　绘制线段 HG　　　图 3.87　绘制线段 GF　　　图 3.88　绘制线段 FE

(16)输入线段 AB 的长度:"45",回车,绘制线段 AB,光标向右上追踪,如图 3.92 所示。

(17)光标向右上追踪到与线段 DC 相交时,单击左键,回车,如图 3.93 所示。

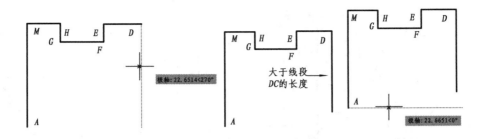

图3.89　绘制线段 *ED*　　　图3.90　绘制线段 *DC*　　图3.91　捕捉点 *A*,光标向右追踪

（大于 *DC* 的长度）

（18）修剪不要的部分,完成图形 *ABCDEFGHM* 的绘制,如图3.94所示。

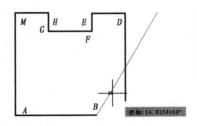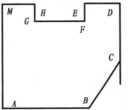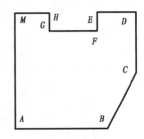

图3.92　绘制线段 *AB*　　　　图3.93　绘制线段 *BC*　　　图3.94　修剪不要的部分

2. 绘制图形 *defg*

（1）依次单击"绘图"、"直线"。捕捉点 *A* 为追踪参考点,光标向上追踪,输入线段 *Ad* 的长度:"6",回车,确定点 *d*,光标向右追踪。

（2）输入线段 *de* 的长度:"39",回车,绘制线段 *de*,光标向上追踪。

（3）光标向上追踪到大于 *ef* 的长度时,单击左键,回车,如图3.95所示。

（4）依次单击"绘图"、"直线"。捕捉点 *D* 为追踪参考点,光标向左追踪,输入线段 *Dg* 的长度:"9",回车,确定点 *g*。

（5）光标向下追踪。与线段 *ef* 相交时,单击左键,回车。

（6）修剪不要的部分,完成图形 *defg* 的绘制。如图3.96所示。

3. 绘制图形 *kmnh*

（1）依次单击"绘图"、"直线"。捕捉点 *G* 为追踪参考点,光标向右追踪,输入线段 *Gk* 的长度:"8",回车,确定点 *k*,光标向下追踪。

（2）输入线段 *km* 的长度:"14",回车,绘制线段 *km*,光标向右追踪。

（3）输入线段 *mn* 的长度:"10",回车,绘制线段 *mn*,光标向上追踪。

（4）输入线段 *nh* 的长度:"14",回车,绘制线段 *nh*。（此步骤也可:光标向上追踪,与线段 *GF* 相交时,单击左键,回车）,如图3.97所示。

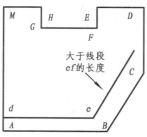

图 3.95　绘制图形 def

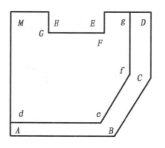

图 3.96　绘制图形 defg

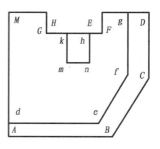

图 3.97　绘制图形 kmnh

提示：

●在角增量的下拉列表中,可选择极轴角度变化的增量值,也可以输入新的增量值,如图 3.98 所示。

●在"角增量"栏中,输入角度变化的增量值后,若用户打开极轴追踪画线,则光标将自动沿"角增量"值的倍数为角度方向进行追踪,再输入线段长度值,AutoCAD 就在该方向上画出直线。如在"角增量"栏中,输入 30°后,若用户打开极轴追踪画线,则光标将自动沿 0°、30°、60°、90°、120°、150°等方向进行追踪,再输入线段长度值,AutoCAD 就在该方向上画出直线。

●实际绘制图形时,常常是以上几种方法综合使用,以便快速绘制图形。

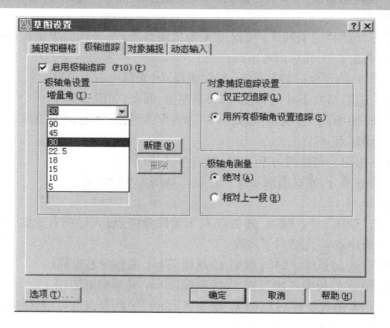

图 3.98　选取"角增量"值

4. 保存、关闭图形

存盘后关闭该图形。

【自己动手 3-16】　结合自动捕捉、极轴追踪、自动追踪功能绘制【实例 3-7】的图形。

任务三　绘制简单平面图形的综合实训

课题一　绘制平面图形一

【实例3-8】 绘制图 3.99

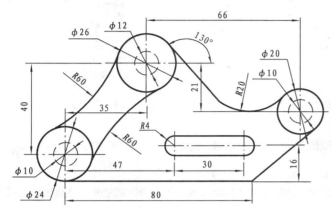

绘图要求

项目 名称	线型	颜色	线宽
粗实线图层	粗实线	黑色	0.3
点划线图层	点划线	红色	默认
虚线图层	虚线	绿色	默认
细实线图层	细实线	黑色	默认

图 3.99　实例 3-8

一、新建图形文件,设置图形界限

根据前面的知识,新建一个图形文件,并设置图形界限。

二、设置图层

1. 图层概述

AutoCAD 图层是透明的电子图纸,把各类图形元素画在这些电子图纸上,AutoCAD 将它们叠加在一起显示出来。如图 3.100 所示,挡板绘制在图层 A 上,支架绘制在图层 B 上,螺钉绘制在图层 C 上,最终显示结果是各层内容叠加后的效果。

在绘制机械制图时,常把同类性质的图形元素放在同一个图层。用 CAD 绘制机械图样时,一般需建立:粗实层线(轮廓线层)、点划线层(中心线层)、虚线层、细实线层、剖面线层、尺寸标注层、文字说明层等图层。也可把细实线层、剖面线层、尺寸标注层都归为细实线层,因为按《机械制图》的要求,它们的线型都为细实线。

在绘制机械图样时,常以细实线层为当前图层,绘制图形。把图形绘制好以后,再把不同类性质的图形元素放在不同的图层上,以便于观察、编辑、修改和输出等。

图层的主要内容有:线型、颜色、线宽等。

一幅图形,需要建立几个图层,应根据具体的图形而定。绘制实例 3-8 的图形时,需要建立 4 个图层:细实线层、粗实线层、点划线层(中心线层)、虚线层。

提示:

●一般不要在默认的 0 层上绘制图形。

2. 图层的建立

(1)单击"格式"、选取"图层",如图 3.101 所示,单击"图层",打开图 3.102 所示的"图层特性管理器"对话框。

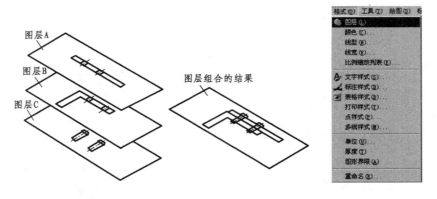

图 3.100　图层　　　　　　　　　　　图 3.101　图层的打开方法

新建图层按钮

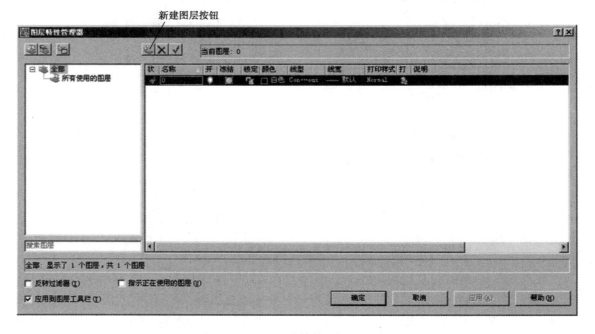

图 3.102　"图层特性管理器"对话框

（2）单击 （"新建图层"按钮），在图层列表中创建一个名称为"图层 1"的新图层（图层 1 被点亮），如图 3.103 所示。可对图层名称进行修改，如把"图层 1"改为"细实线"，如图 3.104所示。

（3）按相同的方法，依次建立"图层 2"、"图层 3"、"图层 4"，并把名称依次改为"粗实线"、"点划线"、"虚线"，如图 3.105 所示。

3. 图层颜色的设置

（1）设置"虚线"层的颜色。单击"虚线"层对应的颜色小方块（图 3.105 中，"白色"左边的小方块），弹出如图 3.106 所示的"选择颜色"对话框。选择所需的颜色，本例"虚线"层为绿色，选择绿色。单击 确定 ，返回"图层特性管理器"对话框。

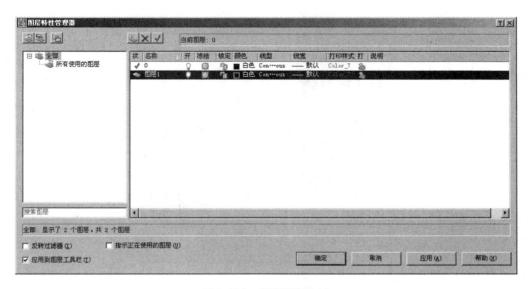

图 3.103　新建"图层 1"

图 3.104　把"图层 1"改为"细实线"

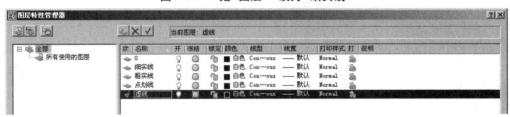

图 3.105　建立"粗实线"、"点划线"、"虚线"等图层

(2)按相同的方法,依次设置本例中其他图层的颜色:"粗实线"层为黑色,"点划线"层为红色,"细实线"层为黑色。

4. 图层线型的设置

(1)默认情况下的图层线型为"Continuous"(连续线型),细实线和粗实线都为连续线,所以"细实线"层和"粗实线"层的线型为默认,一般不重新设置。

(2)设置"点划线"的线型。在"图层特性管理器"对话框中,单击"点划线"层的"Continuous",打开"选择线型"对话框,如图 3.107 所示。

在"选择线型"对话框中,如果有所需的线型,则直接单击该线型,再单击 **确定** ,返回"图层特性管理器"对话框,该线型设置完毕;如果没有所需的线型(图 3.107 中,没有所需的点划线),则:

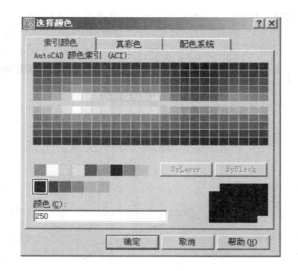

图 3.106　"选择颜色"对话框

①单击 加载(L)... ,弹出"加载或重加载线型"对话框。单击所需线型：CENTER（点划线），如图 3.108 所示。

②单击"加载或重加载线型"对话框的 确定 ,回到"选择线型"对话框。

③单击"CENTER"线型,如图 3.109 所示。再单击 确定 ,返回"图层特性管理器"对话框。该线型设置完毕。

（3）按相同的方法,设置"虚线"层的线型：虚线（"加载或重加载线型"对话框中的"HIDDEN"为虚线）。线型设置完毕,回到"图层特性管理器"对话框。

5. 图层线宽的设置

本例中,除"粗实线"层的线宽以外,其他图层的线宽都为默认。并且本例的"图层特性管理器"对话框中,所有图层的线宽都为默认（见图 3.105）,所以本例只对"粗实线"层的线宽进行设置。

单击"粗实线"层的"线宽",打开"线宽"对话框,单击所需的线宽：本例粗实线的线宽为0.3 毫米,即单击"0.30 毫米",如图 3.110 所示。单击"确定"按钮,返回"图层特性管理器"对话框。

6. 把"细实线"层,设置为当前层

单击"细实线"层（需要把哪层设置为当前层,就单击那层）,单击 ✔,如图 3.111 所示。再单击"确定"按钮。到此,已按要求设置完各图层,并把"细实线"层设置为当前层。

三、绘制图形

1. 确定圆心的位置

打开"正交"

（1）在左下角某处,绘制水平线和竖直线,其交点为 $\phi24$ 的圆心,如图 3.112 所示。

（2）利用"偏移"命令,水平线向上偏移 40,竖直线向右偏移 35,其交点为 $\phi26$ 的圆心,如图 3.113 所示。

图 3.107　"选择线型"对话框

图 3.108　单击"CENTER"

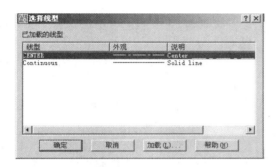

图 3.109　单击所需线型："CENTER"（点划线）

图 3.110　单击"0.3 毫米"

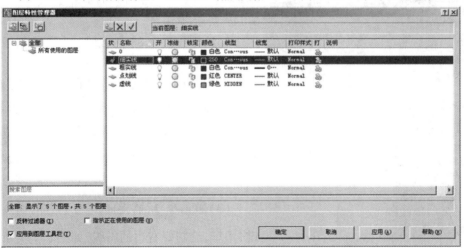

图 3.111　设置"细实线"层为当前层

（3）利用"偏移"命令，$\phi26$ 的竖直线向右偏移 66，$\phi26$ 的水平线向下偏移 21，其交点为 $\phi20$ 的圆心，如图 3.114 所示。

2. 绘制 6 个圆

（1）打开"草图设置"对话框的"对象捕捉"选项卡，勾选"交点"、"圆心"。

（2）打开"对象捕捉"、"对象追踪"。

（3）打开"对象捕捉"工具栏。

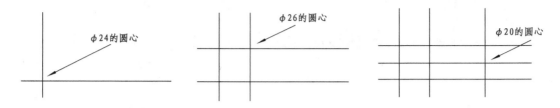

图 3.112　确定 $\phi24$ 的圆心　　图 3.113　确定 $\phi26$ 的圆心　　图 3.114　确定 $\phi20$ 的圆心

（4）绘制圆 $\phi24$。方法如下：

①单击"绘图"、依次选取"圆"、"圆心、直径"，如图 3.115 所示，单击"圆心、直径"，按命令行的提示逐步操作。

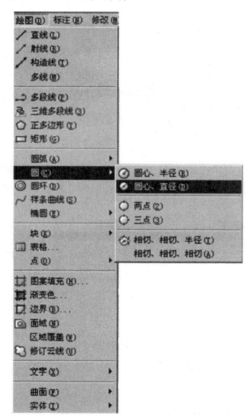

图 3.115　选取"圆心、直径"方式，绘制圆

②捕捉图 3.112 所示的交点，回车，得 $\phi24$ 的圆心。

③输入直径 24，回车，绘制 $\phi24$ 的圆，如图 3.116所示。

（5）按此方法，分别绘制剩余的 5 个圆。如图 3.117 所示。

（6）调整圆的中心线，使之符合《机械制图》的要求（操作此步骤时，最好关闭"对象捕捉"、"对象追踪"），如图 3.118 所示。调整好以后，回车，如图 3.119 所示。

3. 绘制长度为 88 的线段和右下的斜线

（1）打开"对象捕捉"、"对象追踪"。

（2）依次单击"绘图"、"直线"，捕捉 $\phi24$ 与其竖线下面的交点（也可采用捕捉的象限点 ⊕ 命令的方式，捕捉 $\phi24$ 的最下点），单击左键，输入该线段的长度："80"，单击左键后，回车，绘制好线段，如图 3.120 所示。

（3）单击 ◯，捕捉 $\phi20$ 右下方的切点，单击左键，回车，绘制好右边的斜线，如图 3.121 所示。

4. 绘制

（1）确定该几何图形的圆心。利用"偏移"命令，长度为 80 的线段向上偏移 16，$\phi24$ 的竖线向右偏移 47，$\phi24$ 圆的竖线向右偏移 77。偏移的竖线和横线的交点为该几何图形的圆心，如图 3.122 所示。

（2）绘制 $R4$ 的圆。单击"绘图"，选取"圆"，单击"圆心、半径"，按命令行的提示，逐步操作，绘制好半径为 4 的两个圆，如图 3.123 所示。

（3）绘制两根切线。利用"直线"命令，采用捕捉交点 ✕ 或捕捉象限点 ⊕ 的方式，绘制

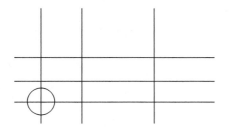

图 3.116　绘制 φ24 的圆

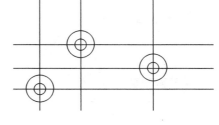

图 3.117　绘制剩余的 5 个圆

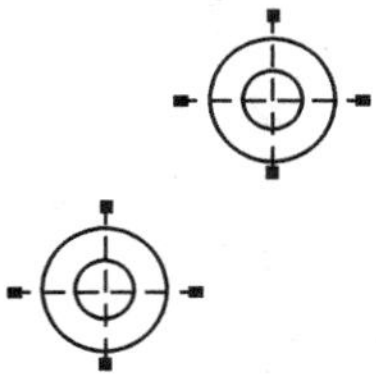

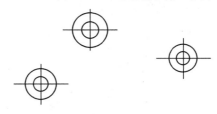

图 3.118　调整圆的中心线

图 3.119　圆调整好的中心线

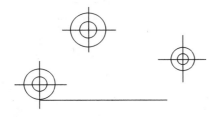

图 3.120　绘制线段

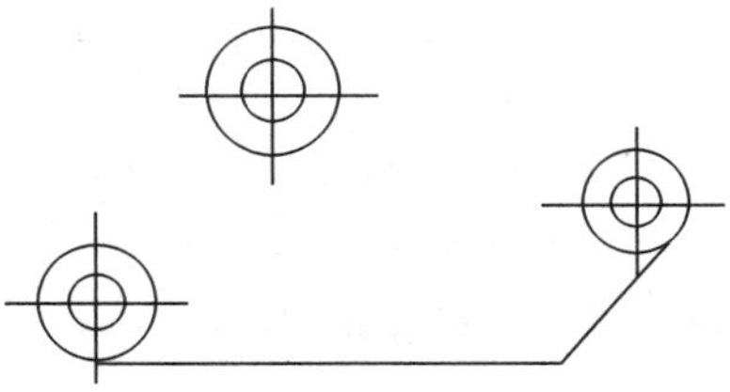

图 3.121　绘制右边的斜线

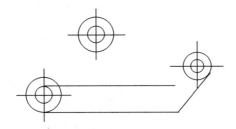

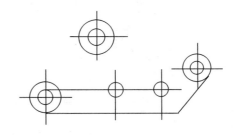

图 3.122　确定该几何图形的圆心

图 3.123　绘制半径为 4 的两个圆

两根切线,如图 3.124 所示。

（4）利用"修剪"命令,修剪不要的半圆。

（5）调整圆的中心线,使之符合《机械制图》的要求,如图 3.125 所示。

5. 绘制 φ26 的切线

依次单击"绘图"、"直线",捕捉 φ26 右上方的切点,输入相对极坐标"@60 < −45"（极坐标的长度只要能够与 R20 的圆弧相切,就行）,单击左键,如图 3.126 所示。

6. 绘制切圆

（1）绘制切圆 R60。单击"绘图"、选取"圆",单击"相切、相切、半径"。

53

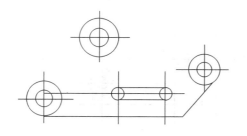

图 3.124　绘制两根切线　　　　　图 3.125　修剪不要的半圆,调整圆的中心线

（2）运用捕捉切点的方式,按命令行的提示,逐步操作,绘制好圆 R60。修剪不要的圆弧,如图 3.127 所示。

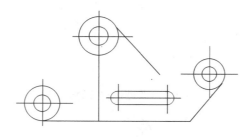

图 3.126　绘制 $\phi26$ 的切线　　　　　图 3.127　绘制切圆 R60

（3）按此方法,分别绘制其他切圆,并修剪不要的部分,如图 3.128 所示。

7. 再次调整各圆的中心线

图画好以后,按照《机械制图》的要求再次调整各圆的中心线,使图形更加美观、清晰,如图 3.129 所示。当然,如果不需调整,就不要此步骤。

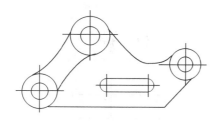

图 3.128　绘制其他切圆,修剪不要的部分　　图 3.129　再次调整各圆的中心线

8. 移动图形,至绘图区域合适的位置

绘制的几何图形,如果处于绘图区域不合适的位置,可利用"修改"中的"移动"命令,采取框选的方式,选取需要移动的图形,移至绘图区域合适的位置。其步骤为：

①依次单击"修改"、"移动",框选需要移动的图形,单击左键,回车。

②选取移动的基点,单击之。

③移动到合适的位置,单击左键。

四、检查图形

检查图形是否绘制完毕,有无错误,并查漏补缺,修正错误,确保无误。

提示：

> ● 圆的绘制方法：根据图形，可选取绘制圆的合适方式绘制圆。
>
> ● 调整线段长度时，一般要关闭"对象捕捉"、"对象追踪"。调整好以后，根据需要，再打开"对象捕捉"、"对象追踪"。
>
> ● 一定要看命令行，按命令行提示，逐步操作。
>
> ● 一般采取绘制圆，然后利用"修剪"命令，进行修剪的方式，绘制圆弧。
>
> ● "复制"命令与"移动"命令的区别。前者要保留原图形，后者不保留原图形。
>
> ● 框选的方式有两种：一是从右向左框选，如图 3.130 所示，采用这种方式选取图形时，方框只要接触到几何图形，就能选中；二是从左向右框选，如图 3.131 所示，采用这种方式选取图形时，方框必须框住几何图形，才能选中。
>
> ● 如果绘制的几何图形位置不恰当，可随时移到绘图区域合适的位置。
>
> ● 如果框选的方式没有选完对象，可继续用鼠标选取。
>
> ● 可以输入坐标，来确定移动的距离。
>
> ● 如果不是水平或竖直移动几何图形，要关闭"正交"。
>
> ● 图形绘制完毕，一定要检查，要养成检查图形的习惯。

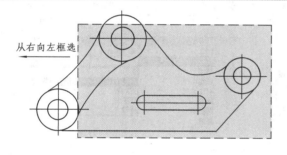

图 3.130　从右向左框选

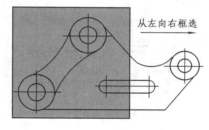

图 3.131　从左向右框选

五、放入图层

1. 粗实线层

（1）框选全部几何图形，在绘图区域任意位置，单击右键，选取"特性（S）"，如图 3.132 所示。

（2）单击"特性（S）"，打开如图 3.133 所示的"特性"对话框。

（3）单击"图层"，再单击"图层"的下拉箭头，单击"粗实线"，如图 3.134 所示。

（4）单击"特性"对话框右上角的，关闭"特性"对话框，回到绘图区域。如果没有出现粗实线，单击状态栏的"线宽"，如图 3.135 所示。

2. 点划线层

（1）鼠标选取中心线，在绘图区域任意位置，单击右键，选取"特性（S）"。

（2）单击"特性（S）"，打开如图 3.133 所示的"特性"对话框。

（3）单击"图层"，再单击"图层"的下拉箭头，单击"点划线"。

（4）单击"线型比例"，输入合适的线型比例，如 0.4。

（5）单击"特性"对话框右上角的，关闭"特性"对话框，回到绘图区域，如图 3.136 所示。

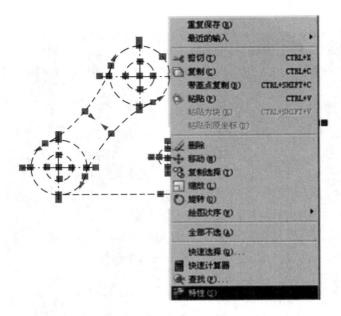

图 3.132　框选全部几何图形,单击右键,选取"特性(S)"

图 3.133　"特性"对话框　　　　　图 3.134　选取"粗实线"层

3. 虚线层

按此方式,打开"特性"对话框,选取"虚线",输入合适的线型比例。关闭,"特性"对话框,回到绘图区域,如图 3.137 所示。

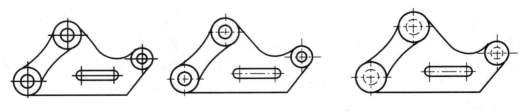

图 3.135　粗实线层　　　图 3.136　点划线层　　　图 3.137　虚线层

六、保存、关闭图形

存盘后关闭该图形。

【自己动手 3-17】　绘制【实例 3-8】。

课题二　绘制平面图形二

【实例3-9】　绘制图3.138

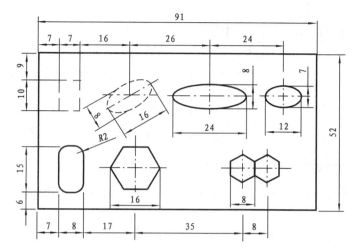

绘图要求

项目 名称	线型	颜色	线宽
粗实线图层	粗实线	黑色	0.3
点划线图层	点划线	红色	默认
虚线图层	虚线	绿色	默认
细实线图层	细实线	黑色	默认

图 3.138　实例 3-7

一、新建图形文件,设置图形界限

请用户根据前面的知识,新建一个图形文件,并设置图形界限。

二、设置图层

1. 细实线层

宽度为默认、颜色为黑色的细实线层。

2. 点划线层

宽度为默认、颜色为红色的点划线层。

3. 虚线层

宽度为默认、颜色为绿色的的虚线层。

4. 粗实线层

宽度为 0.3 mm、颜色为黑色的粗实线层。

5. 设置当前层

把细实线层设为当前层。

三、绘制图形

1. 绘制外框

打开"正交",绘制长为91、宽为52 的外框,如图3.139所示。

2. 绘制左下方的长方形

(1)打开"草图设置"对话框的"对象捕捉"选项卡,勾选"交点"。

(2)打开"对象捕捉"、"对象追踪"。

(3)打开"对象捕捉"工具栏。

(4)依次单击"绘图"、"矩形"。

(5)单击"捕捉自"按钮,捕捉外框的左下角点为追踪参考点,输入相对坐标:"@7,6",回

车。输入相对坐标:"@8,15"(长方形的边长尺寸),回车。完成左下方长方形的绘制。如图
3.140 所示。

3. 绘制左上方的长方形

(1)依次单击"绘图"、"矩形"。

(2)单击"捕捉自"按钮,捕捉外框的左上角点为追踪参考点,输入相对坐标:"@7,-9",
回车。输入相对坐标:"@7,-10",回车。完成左上方长方形的绘制。如图 3.141 所示。

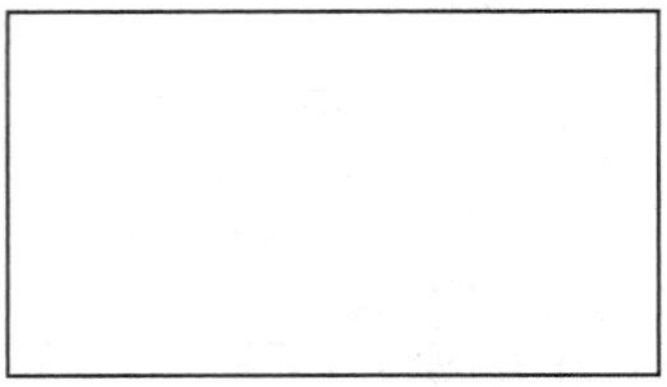

图 3.139　绘制外框	图 3.140　绘制左下方的矩形	图 3.141　绘制左上方的矩形

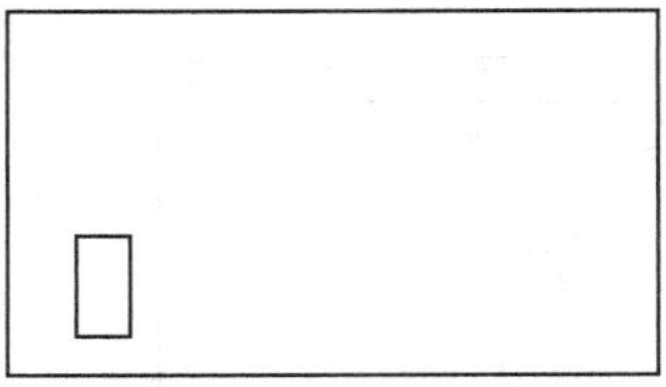

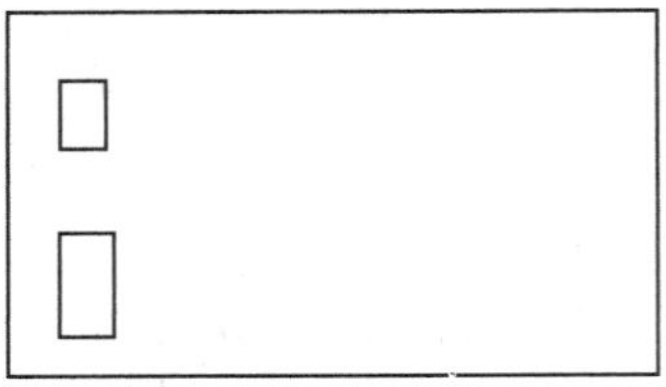

4. 绘制三个椭圆

(1)利用"偏移"命令,确定三个椭圆的中心,如图 3.142 所示的点 A、点 B、点 C。

(2)点 A 的竖线,旋转 -58°。其方法为:

①依次单击"修改"、"旋转"。

②单击点 A 的竖线,回车。

③单击点 A,选取旋转中心。

④输入旋转角度:-58,回车,如图 3.143 所示。

(3)绘制点 A 斜线的垂线。其方法为:

①依次单击"绘图"、"直线"。

②在斜线外任点一点,作为点 A 斜线垂线的第一点。

③单击"对象捕捉"工具栏的"捕捉到垂足",选取点 A 的斜线,单击左键,回车,如图3.144
所示。

④利用"移动"命令,把该垂线移到点 A 处,并调整它的长度,如图 3.145 所示。

(4)绘制点 C 的椭圆。其方法为:

①单击"绘图"、选取"椭圆",单击 ⊙ 中心点(C)。

②捕捉点 C(作为右边椭圆的中心),输入一根轴的一半:"6",再输入另一根轴的一半:
"3.5",回车,如图 3.146 所示。

提示:

　　●以中心点绘制椭圆,输入轴的尺寸时,光标放在哪根轴上,就输入那根轴的尺寸,并
且是半轴尺寸。

(5)按绘制点 C 椭圆的方法,分别绘制点 B、点 A 的椭圆,如图 3.147 所示。

5. 调整椭圆的中心线

调整椭圆的中心线,使之符合《机械制图》的要求,如图 3.148 所示(删除了文字 A、B、C)。

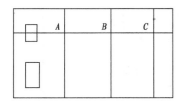

图 3.142 三个椭圆的中心

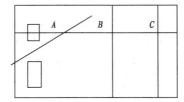

图 3.143 旋转点 A 的竖线

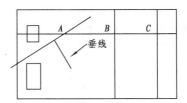

图 3.144 绘制点 A 斜线的垂线

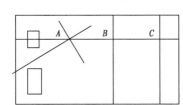

图 3.145 把垂线移到点 A 处

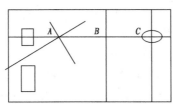

图 3.146 绘制点 C 的椭圆

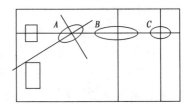

图 3.147 绘制点 B、点 A 的椭圆

6. 绘制三个正六边形

(1)利用"偏移"命令,确定三个正六边形的中心,如图 3.149 所示。

(2)绘制点 D 的正六边形。其方法为:

①依次单击"绘图"、"正多边形"。

②输入边的数目:"6",回车。

③捕捉点 D(该正六边形的中心),输入"I"(该正六边形内接于圆),回车。

④输入内接圆的半径:"8",回车,如图 3.150 所示。

⑤把该正六边形旋转 90°,如图 3.151 所示。

(3)绘制点 E 的正六边形。其方法为:

①依次单击"绘图"、"正多边形"。

②输入边的数目:"6",回车。

③单击点 E(该正六边形的中心),输入"C"(该正六边形外切于圆),回车。

④输入外切圆的半径:"4",回车,如图 3.152 所示。

(4)绘制点 F 的正六边形。其方法为:把点 E 的正六边形,复制到点 F 即可,如图 3.153 所示。

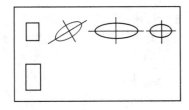

图 3.148 调整椭圆的中心线

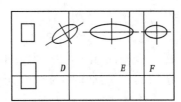

图 3.149 确定正六边形的中心

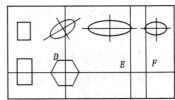

图 3.150 绘制点 D 的正六边形

7. 调整正六边形的中心线

调整正六边形的中心线,使之符合《机械制图》的要求,如图 3.154 所示(删除了文字 D、E、F)。

59

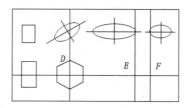 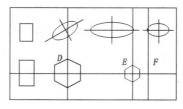 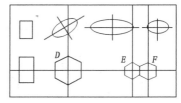

图 3.151　正六边形旋转 90°　　图 3.152　绘制点 E 的正六边形　　图 3.153　绘制点 F 的正六边形

8. 倒圆角

左下方的矩形,需要倒圆角,其方法为:

(1)依次单击"修改"、"圆角"。

(2)输入字母:"R",回车,输入圆角半径:"2",回车。

(3)输入字母:"P"(多段线),回车。单击要倒圆角的矩形,如图 3.155 所示。

四、检查图形

检查图形是否绘制完毕,有无错误,并查漏补缺,修正错误,确保无误。

五、放入图层

把几何图形放入相应的图层,如图 3.156 所示。

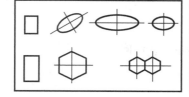 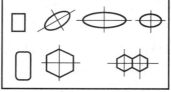 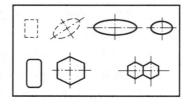

图 3.154　调整正六边形的中心线　　　图 3.155　倒圆角　　　　图 3.156　放入相应图层

六、其他

移动图形至绘图区域合适的位置,保存该图形,关闭该图形。

提示:

● 旋转角度的规定:顺时针旋转时,角度为负;逆时针旋转时,角度为正。

● 调整三个椭圆的中心线时,利用"修改"中的"打断"命令,把椭圆的横线打断后,再调整。

● "打断"命令的含义及操作。如图 3.157 所示的矩形,预从点 A、点 B 两处打断,并删除 AB 段。其方法是:依次单击"修改"、"打断",单击点 A(选取第一打断点),再单击点 B(选取第二打断点),完成"打断"命令的操作,如图 3.158 所示。

● 正六边形的外接圆和内切圆的含义,如图 3.159 所示。先要根据所给尺寸,确定正六边形是内接于圆,还是外切于圆,输入的尺寸是半径。

● 命令行中有多项内容时,其操作示例如图 3.160 所示。

【自己动手 3-18】　绘制【实例 3-9】。

【自己动手 3-19】　绘制图 3.161。

【自己动手 3-20】　绘制图 3.162。

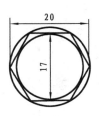

说明

内圆为正六边形的内切圆
"17" 为内切圆直径
外圆为正六边形的外接圆
"20" 为外接圆直径

图 3.157 矩形   图 3.158 打断   图 3.159 正六边形的外接圆和内切圆

内 容	说 明
命令: _circle 指定圆的圆心或 [三点(3P)/两点(2P)/相切、相切、半径(T)]:	输入"3P",回车,用"三点"画圆。 输入"2P",回车,用"两点"画圆。 输入"T",回车,用"相切、相切、半径"画圆。
输入选项 [内接于圆(I)/外切于圆(C)] <I>:	输入"I",回车,选取"内接于圆"（图中有"<I>",可直接回车）。 输入"C",回车,选取"外切于圆"。
选择第一个对象或 [放弃(U)/多段线(P)/半径(R)/修剪(T)/多个(M)]:	输入"U",回车,选取"放弃"。 输入"P",回车,选取"多段线"。 输入"R",回车,选取"半径"。 输入"T",回车,选取"修剪"。 输入"M",回车,选取"多个"。

图 3.160 命令行中有多项内容的操作示例

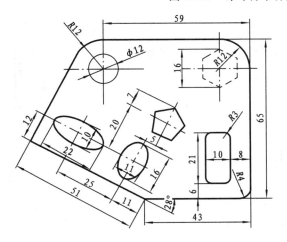

图 3.161 【自己动手 3-18】的图形

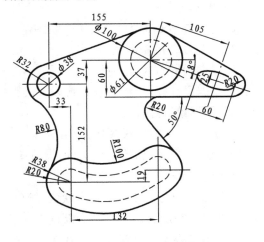

图 3.162 【自己动手 3-19】的图形

任务四　复杂图形的绘制

课题一　绘制复杂的圆弧连接图形

【实例 3-10】　绘制图 3.163 的图形

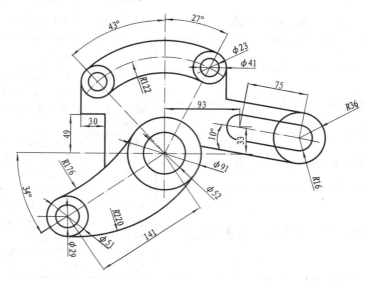

图 3.163　【实例 3-10】

一、图样分析

1. 先绘制 φ52 的中心线,作为绘图基准。

2. 依据 φ52 的中心线,确定主要图形的定位线和其他圆的中心线等。

3. 根据圆的直径,绘制圆。

4. 根据已知线段,绘制连接线段或圆弧。

二、图形绘制过程

1. 新建图形文件,设置图形界限

根据图形要求,新建图形文件,设置图形界限。

2. 设置图层

(1)细实线层。设置宽度为默认、颜色为黑色的细实线层。

(2)点划线层。设置宽度为默认、颜色为黑色的点划线层。

(3)粗实线层。设置宽度为 0.3 mm、颜色为黑色的粗实线层。

(4)设置当前层。把细实线层设置为当前层。

3. 打开"状态栏"中绘图所需的选项

打开"极轴追踪"、"对象捕捉"、"自动追踪"功能。

4. 勾选绘制本图所需的主要特征点

(1)单击"对象捕捉"选项卡,勾选绘制本图所需的主要特征点:交点、圆心。

（2）打开"对象捕捉"工具栏。

5. 绘制主要的定位线

（1）绘制 $\phi 52$ 的两条中心线。

（2）捕捉点 A，输入相对极坐标："@122<63"，绘制线段 AB，确定右边 $\phi 41$ 的圆心：点 B。

（3）捕捉点 A，输入相对极坐标："@122<133"，绘制线段 AC，确定左边 $\phi 41$ 的圆心：点 C。

（4）捕捉点 A，输入相对极坐标："@141<214"，绘制线段 AD，确定 $\phi 51$ 的圆心：点 D，如图 3.164 所示。

6. 绘制点 A、点 B、点 C、点 D 位置所在的圆

（1）单击"绘图"，选取"圆"，单击"圆心、直径"。

（2）捕捉点 A，单击左键。

（3）输入直径："52"，回车。绘制 $\phi 52$ 的圆。

（4）同理，捕捉点 A，绘制 $\phi 91$ 的圆。

（5）同理，捕捉点 B，绘制右边 $\phi 41$ 的圆。

（6）同理，捕捉点 B，绘制右边 $\phi 23$ 的圆。

（7）同理，捕捉点 C，绘制左边 $\phi 41$ 的圆。

（8）同理，捕捉点 C，绘制左边 $\phi 23$ 的圆。

（9）同理，捕捉点 D，绘制 $\phi 51$ 的圆。

（10）同理，捕捉点 D，绘制 $\phi 29$ 的圆。如图 3.165 所示。

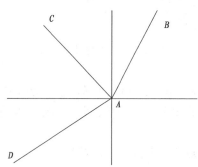

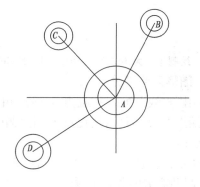

图 3.164　绘制主要的定位线　　　　图 3.165　绘制点 A、点 B、点 C、点 D 位置所在的圆

提示：

● 绘制好点 B 的两个圆后，也可采用"复制"命令，绘制点 C 的圆。

7. 绘制切弧

（1）单击"绘图"，选取"圆"，单击"相切、相切、半径"。

（2）捕捉右边 $\phi 41$ 的切点，如图 3.166 所示，单击左键。指定对象与圆的第一个切点。

（3）捕捉左边 $\phi 41$ 的切点，如图 3.167 所示，单击左键。指定对象与圆的第二个切点。

（4）输入圆的半径："142.5"，回车。绘制好半径为 142.5、与两个 $\phi 41$ 相切的圆。

（5）按图 3.163 所示的要求，修剪不要的图形，如图 3.168 所示。

（6）同理，绘制半径为 101.5、与两个 $\phi 41$ 相切的圆。

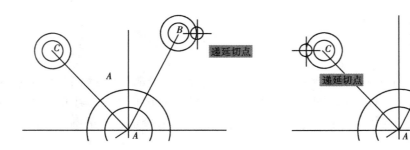

图 3.166　选取右边 $\phi41$ 的切点　　　　图 3.167　选取左边 $\phi41$ 的切点

（7）同理,绘制半径为 220、与 $\phi91$、$\phi51$ 相切的圆。

（8）同理,绘制半径为 176、与 $\phi91$、$\phi51$ 相切的圆。

（9）按图 3.163 所示的要求,修剪或删除不要的图形,如图 3.169 所示。

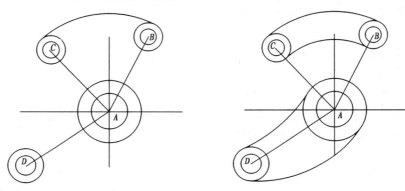

图 3.168　绘制半径为 142.5,与两个 $\phi41$ 相切的圆弧　　图 3.169　绘制其他切弧

8. 绘制图形剩余部分

（1）运用"直线"命令,捕捉点 A,输入相对直角坐标:"@93,33",回车。绘制线段 AE。

（2）运用"直线"命令,捕捉点 E,输入相对极坐标:"@75 < - 10",回车。绘制线段 EF,如图 3.170 所示。

（3）运用绘制圆的有关命令,绘制点 E 的圆 R16、点 F 的圆 R16 和 R32。

（4）绘制两个 R16 圆的切线。

（5）按图 3.163 所示的要求,修剪或删除不要的图形。

（6）绘制过点下,与 EF 相垂直的线段 GH,如图 3.171 所示。

（7）运用"复制"命令,复制线段 EF 的点 F 于点 G,并拉长该复制的线段。

（8）运用"复制"命令,复制线段 EF 的点 F 于点 H,并拉长该复制的线段与 $\phi91$ 的圆相交如图 3.172 所示。

（9）按图 3.163 所示的要求,修剪不要的圆弧。

（10）运用"直线"命令,绘制 $\phi41$ 的垂直线。如图 3.173 所示。

提示:

●可运用捕捉"捕捉到象限点"（⟐）绘制垂直线。

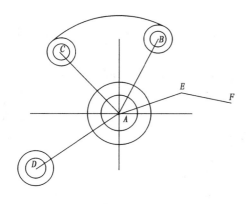

图 3.170　确定点 E 和点 F

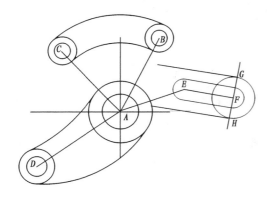

图 3.172　绘制圆 R32 的切线部分

（11）运用"偏移"命令，把点 A 的水平线，向上偏移 49。

（12）运用"偏移"命令，把左边 ϕ41 的垂直线，向右偏移 30。

（13）运用"修剪"命令，修剪不要的线段。

（14）运用"删除"命令，删除不要的部分，如图 3.174 所示。

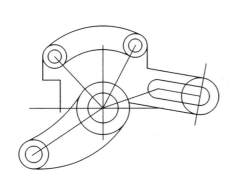

图 3.174　绘制图形的剩余部分

（15）根据《机械制图》的要求，补画一些图形（如中心线等）。

（16）根据《机械制图》的要求，调整一些线段的长度，如图 3.175 所示。

图 3.171　绘制圆弧 16 及其切线、圆 R32

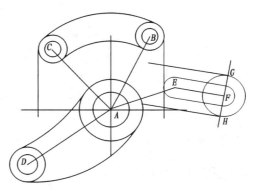

图 3.173　绘制 ϕ41 的垂直线

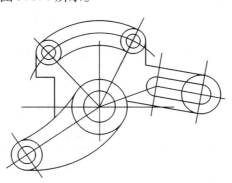

图 3.175　补画一些图形，调整一些线段的长度

9. 检查图形

检查图形是否绘制完毕,并查漏补缺、修正错误、确保无误。

10. 放入图层

把几何图形放入相应的图层,并按《机械制图》的要求,调整图形,如图 3.176 所示。

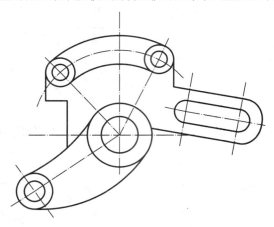

图 3.176　把几何图形放入相应的图层

11. 其他

移动图形至绘图区域合适的位置。保存该图形,关闭该图形。

课题二　绘制对称图形

【实例 3-11】　绘制图 3.177 所示的图形。

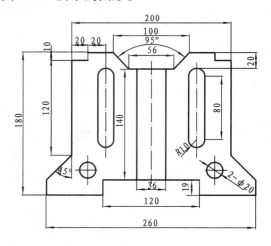

图 3.177　绘制【实例 3-11】的图形

一、图样分析

(1)图形为对称图形,先画中心线和底边线,作为绘图基准。

(2)根据图形的尺寸,画出图形的一半,使用"镜像"命令,完成图形另一半的绘制。

二、图形绘制过程

1. 新建图形文件,设置图形界限

根据图形要求,新建图形文件,设置图形界限。

2. 设置图层

(1)细实线层。设置宽度为默认、颜色为黑色的细实线层。

(2)点划线层。设置宽度为默认、颜色为黑色的点划线层。

(3)粗实线层。设置宽度为 0.3 mm、颜色为黑色的粗实线层。

(4)设置当前层。把细实线层设为当前层。

3. 打开"状态栏"中绘图所需的选项

打开"极轴追踪"、"对象捕捉"、"自动追踪"功能。

4. 勾选标注尺寸所需的主要特征点

(1)单击"对象捕捉"选项卡,勾选标注尺寸所需的主要特征点:交点、端点。

(2)打开"对象捕捉"工具栏。

5. 绘制图形左边部分

(1)绘制中心线。

(2)根据图 3.177 所示的尺寸,运用有关命令,绘制如图 3.178 所示的图形。

(3)运用"偏移"命令,绘制两个 R10 圆和 ϕ20 圆的中心线。

(4)运用有关命令,绘制左边部分剩余图形,如图 3.179 所示。

6. 绘制右边部分

运用"镜像"命令,完成右边图形的绘制:

(1)依次单击"修改"、"镜像"。

(2)运用"框选"的方法,选取左边全部图形,如图 3.180 所示。

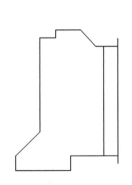 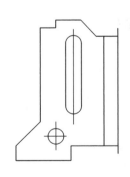 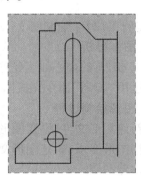

图 3.178　绘制左部图形的外形　　图 3.179　绘制左边部分　　图 3.180　"框选"左边全部图形

(3)回车,在中心线上任意捕捉一点,作为镜像线的第一点。

(4)单击左键,在中心线上任意捕捉另一点,作为镜像线的第二点。

(5)单击左键,在命令行中出现"是否删除源对象:[是(Y)/否(N)]＜N＞:"的话语。输入字母:N,回车,如图 3.181 所示。

提示：

●该步可直接回车,因为默认为"N"。

●输入字母："N",回车,不删除源对象;输入字母："Y",回车,删除源对象。

7. 检查图形

检查图形是否绘制完毕,并查漏补缺、修正错误、确保无误。

8. 放入图层

把几何图形放入相应的图层,并按《机械制图》的要求,调整图形,如图 3.182 所示。

9. 其他

移动图形至绘图区域合适的位置。保存该图形,关闭该图形。

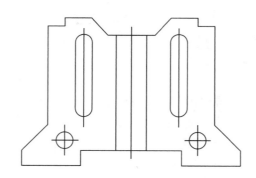

图 3.181　绘制右边部分　　　　　图 3.182　几何图形放入相应的图层

课题三　复杂均布特征的图形

【实例 3-12】　绘制图 3.183 的图形。

一、图样分析

1. 以 $\phi125$ 的中心线为绘图基准。

2. 运用"阵列"命令完成图形的绘制。

二、图形绘制过程

1. 新建图形文件,设置图形界限

根据图形要求,新建图形文件,设置图形界限。

2. 设置图层

(1)细实线层。设置宽度为默认、颜色为黑色的细实线层。

(2)点划线层。设置宽度为默认、颜色为黑色的点划线层。

(3)粗实线层。设置宽度为 0.3 mm、颜色为黑色的粗实线层。

(4)设置当前层。把细实线层设为当前层。

3. 打开"状态栏"中的绘图所需的选项

打开"极轴追踪"、"对象捕捉"、"自动追踪"功能。

4. 勾选标注尺寸所需的主要特征点

(1)单击"对象捕捉"选项卡,勾选标注尺寸所需的主要特征点:交点、圆心。

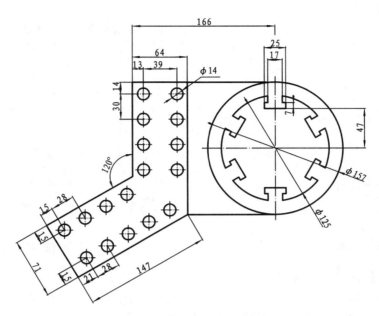

图 3.183　绘制［实例 3-12］的图形

（2）打开"对象捕捉"工具栏。

5. 绘制 φ157、圆 φ125 的圆

（1）绘制 φ157 的中心线。

（2）绘制 φ157、φ125 的圆,如图 3.184 所示。

6. 绘制圆左边的外框

运用"直线"、"偏移"等命令,绘制圆左边的外框,如图 3.185 所示。

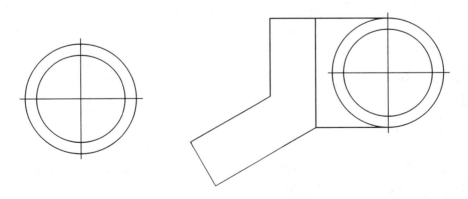

图 3.184　绘制圆 φ157、圆 φ125　　　　　　图 3.185　绘制圆左边的外框

7. 绘制 φ125 圆周上的图形

（1）运用"偏移"、"修剪"等命令,绘制如图 3.186 所示的图形 A。

（2）运用"阵列"命令中的"环行阵列"选项,绘制 φ125 圆周上的图形。

①依次单击"修改"、"阵列",打开"阵列"对话框,如图 3.187 所示。

②选取"环行阵列"。

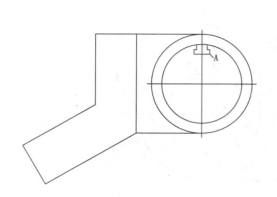

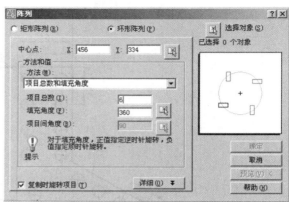

图 3.186　绘制图形 A　　　　　　　图 3.187　"阵列"对话框

③单击 [图标]。(拾取中心点)

④回到绘图界面,捕捉圆 φ125 的圆心为环行阵列的中心点。回到"阵列"对话框。

⑤在"项目总数"右边的小方框中,输入欲阵列的个数:"6"。

⑥在"填充角度"右边的小方框中,输入欲阵列的角度:"360"。

⑦单击 [图标] 选择对象(S),回到绘图界面,选取阵列的对象:图形 A,如图 3.188 所示。

⑧回车。

⑨按图样要求,修剪不要的图形,如图 3.189 所示。

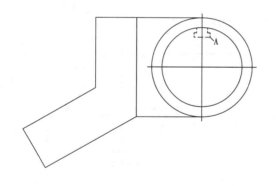

图 3.188　选取阵列的对象:图形 A　　　图 3.189　绘制 φ125 圆周上的图形

8.绘制竖直位置上 8 个 φ14 的圆

(1)绘制左上方 φ14 的圆,如图 3.190 所示。

(2)运用"阵列"命令中的"矩形阵列"选项,绘制竖直位置上的 8 个 φ14 的圆。

①依次单击"修改"、"阵列",打开"阵列"对话框。

②选取"矩形阵列"。

③在 [图标] 行(W):右边的小方框中,输入欲阵列的行数:"4"。

④在 [图标] 列(O):右边的小方框中,输入欲阵列的列数:"2"。

⑤在 行偏移(F): 右边的小方框中,输入欲阵列的相邻行之间的距离:"－39"。

⑥在 列偏移(M): 右边的小方框中,输入欲阵列的相邻列之间的距离:"30",如图 3.191 所示。

提示:

●相邻行之间的距离和相邻列之间的距离:若沿 X、Y 的正方向移动,取正值;若沿 X、Y 的负正方向移动,取负值。

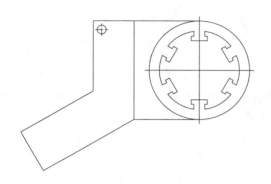

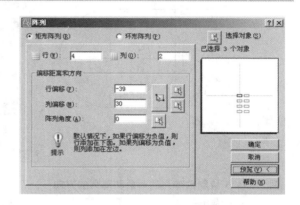

图 3.190 绘制左上方 $\Phi14$ 的圆   图 3.191 欲阵列的各参数的设置

⑦单击 选择对象(S),回到绘图界面,选取欲阵列的对象:左上方 $\Phi14$ 的圆,如图 3.192 所示。

⑧回车。竖直位置上 8 个 $\Phi14$ 的圆绘制完毕,如图 3.193 所示。

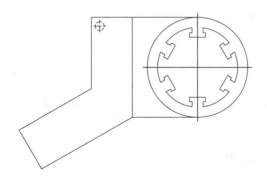

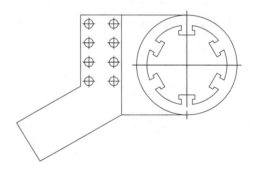

图 3.192 选取欲阵列的对象   图 3.193 绘制竖直放置的 8 个 $\Phi14$ 的圆

9.绘制斜线位置上 9 个 $\Phi14$ 的圆

(1)绘制如图 3.194 所示的欲阵列的对象:$\Phi14$ 的圆,和欲阵列的方向:斜线 BC。

(2)运用"阵列"命令中的"矩形阵列"选项,绘制斜线位置上的 9 个 $\Phi14$ 的圆。

①依次单击"修改"、"阵列",打开"阵列"对话框。

②选取"矩形阵列"。

③在 行(W): 右边的小方框中,输入欲阵列的行数:"2"。

④在 **列(0)**: 右边的小方框中,输入欲阵列的列数:"4"。

⑤在 **行偏移(F)**: 右边的小方框中,输入欲阵列的相邻行之间的距离:"-41"。

⑥在 **列偏移(M)**: 右边的小方框中,输入欲阵列的相邻列之间的距离:"28",如图 3.195 所示。

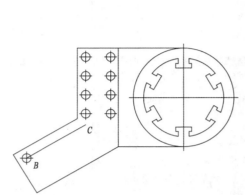
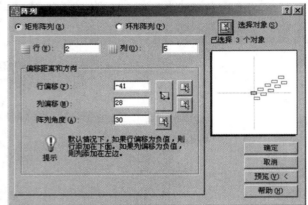

图 3.194　绘制欲阵列的对象和阵列的方向　　　　图 3.195　阵列各参数的设置

⑦单击 **阵列角度(A)**: [30] 中的 按钮,选取欲阵列的角度。

⑧回到绘图界面,选取斜线 *BC* 为欲阵列的角度,先捕捉点 *B*,再捕捉点 *C*。

⑨回到"阵列"对话框。单击 选择对象(S),回到绘图界面,选取欲阵列的对象:Φ14 的圆及其中心线,如图 3.196 所示。

⑩回车。绘制好斜线位置上的 10 个 Φ14 的圆。

(3)按图 3.183 的要求,删除一个圆以及不要的图形,如图 3.197 所示。

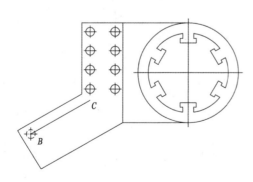
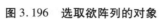
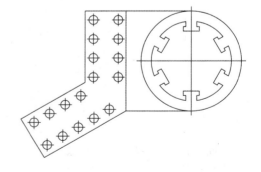

图 3.196　选取欲阵列的对象　　　　图 3.197　绘制斜线位置上的 9 个 Φ14 的圆

10.检查图形

检查图形是否绘制完毕,并查漏补缺、修正错误,确保无误。

11.放入图层

把几何图形放入相应的图层,并按《机械制图》的要求调整图形,如图 3.198 所示。

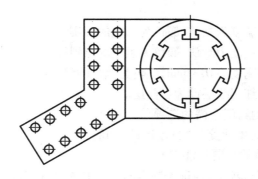

图 3.198　把几何图形放入相应的图层,并调整图形

12. 其他

移动图形至绘图区域合适的位置。保存该图形,关闭该图形。

课题四　倾斜位置图形的绘制

【实例 3-13】　绘制图 3.199 所示的图形。

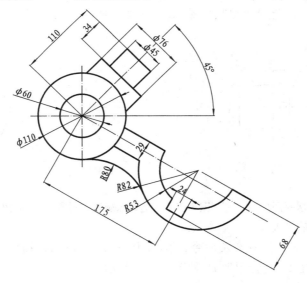

图 3.199　【实例 3-13】的图形

一、图样分析

1. 以 $\phi110$ 圆的中心为绘图基准。

2. 运用"直线"、"偏移"和"圆"等命令绘制水平和竖直图形。

3. 利用"旋转"命令、使图形旋转成倾斜方向。

二、图形绘制过程

1. 新建图形文件,设置图形界限

根据图形要求,新建图形文件,设置图形界限。

2. 设置图层

（1）细实线层。设置宽度为默认、颜色为黑色的细实线层。

（2）点划线层。设置宽度为默认、颜色为黑色的点划线层。

（3）粗实线层。设置宽度为 0.3 mm、颜色为黑色的粗实线层。

（4）设置当前层。把细实线层设为当前层。

3. 打开"状态栏"中的绘图所需的选项

打开"极轴追踪"、"对象捕捉"、"自动追踪"功能。

4. 勾选绘制本图所需的主要特征点

（1）单击"对象捕捉"选项卡，勾选绘制本图所需的主要特征点：交点、圆心。

（2）打开"对象捕捉"工具栏。

5. 绘制 $\Phi60$ 和 $\Phi110$ 的圆和圆右上部的图形。

（1）运用"绘图"、"修剪"等有关命令，绘制如图 3.200 所示的图形。

（2）依次单击"修改"、"旋转"。

（3）选取欲旋转的对象：图形 A，如图 3.201 所示。

（4）回车。指定基点：捕捉 $\Phi110$ 的圆心为旋转基点。

（5）回车。指定旋转角度："45"，回车，如图 3.202 所示。

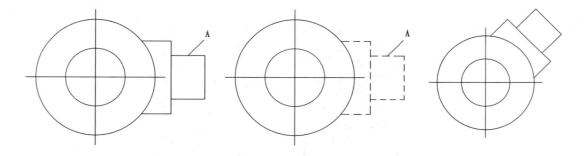

图 3.200　绘制水平图形　　　图 3.201　选取欲旋转的对象　　　图 3.202　旋转图形 A

6. 绘制圆右下部的图形。

（1）运用"绘图"、"修剪"等有关命令，绘制如图 3.203 所示的图形。

（2）运用"旋转"命令，旋转图形 B，如图 3.204 所示。

7. 检查图形

检查图形是否绘制完毕，并查漏补缺、修正错误，确保无误。

8. 放入图层

把几何图形放入相应的图层。并按《机械制图》的要求调整图形，如图 3.205 所示。

9. 其他

移动图形至绘图区域合适的位置。保存该图形，关闭该图形。

【自己动手 3-21】　绘制［实例 3-10］的图形。

【自己动手 3-22】　绘制［实例 3-11］的图形。

【自己动手 3-23】　绘制［实例 3-12］的图形。

【自己动手 3-24】　绘制［实例 3-13］的图形。

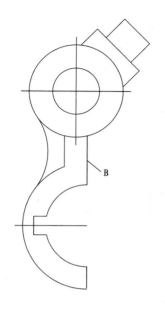

图 3.203　绘制图形 B

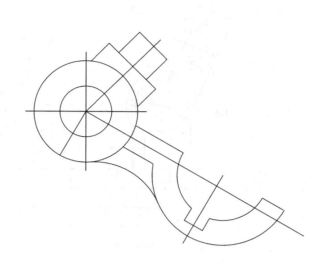

图 3.204　旋转图形 B

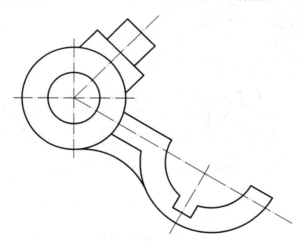

图 3.205　把几何图形放入相应的图层

【自己动手 3-25】　绘制图 3.206 的图形。

【自己动手 3-26】　绘制图 3.207 的图形。

【自己动手 3-27】　绘制图 3.208 的图形。

【自己动手 3-28】　绘制图 3.209 的图形。

【自己动手 3-29】　绘制图 3.210 的图形。

【自己动手 3-30】　绘制图 3.211 的图形

【自己动手 3-31】　绘制图 3.212 的图形。

【自己动手 3-32】　绘制图 3.213 的图形。

【自己动手 3-33】　绘制图 3.214 的图形。

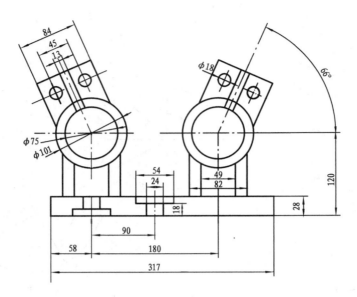

图 3.206 【自己动手 3-25】的图形

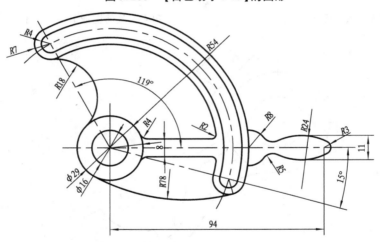

图 3.207 【自己动手 3-26】的图形

【自己动手 3-34】 绘制图 3.215 的图形。

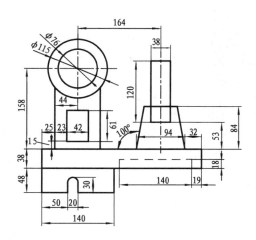

图 3.208 【自己动手 3-27】的图形

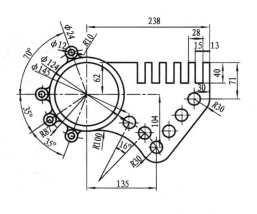

图 3.209 【自己动手 3-28】的图形

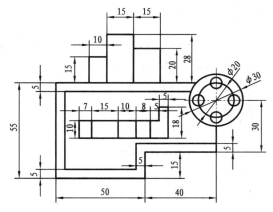

图 3.210 【自己动手 3-29】的图形

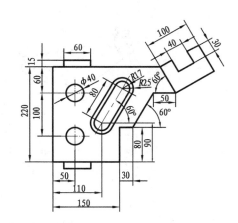

图 3.211 【自己动手 3-30】的图形

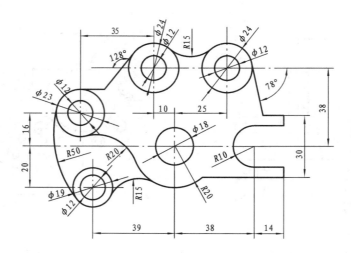

图 3.212 【自己动手 3-31】的图形

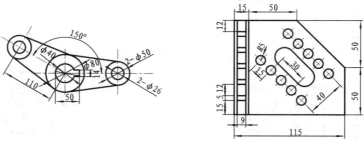

图 3.213 【自己动手 3-32】的图形　　图 3.214 【自己动手 3-33】的图形

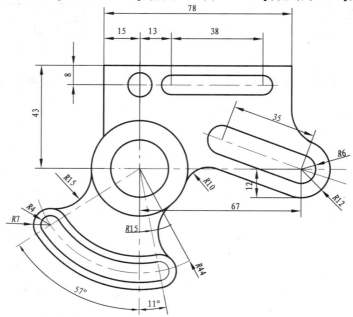

图 3.215 【自己动手 3-34】的图形

项目四　零件图的绘制与标注

项目内容

1. 书写文字
2. 创建表格
3. 零件图的绘制
4. 零件图的尺寸标注

项目目标

1. 能输写文字、创建表格
2. 能绘制零件图
3. 能准确标注零件图尺寸

项目实施过程

任务一　书写文字与尺寸标注概述

课题一　书写文字

【实例 4-1】　书写图 4.1 所示的图样中的文字。

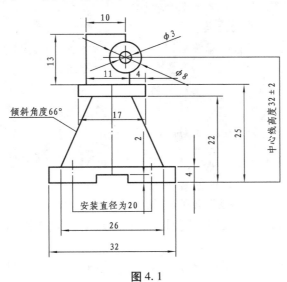

图 4.1

一、CAD 书写文字概述

1. 创建文字样式

（1）依次单击"格式"、"文字样式"，打开"文字样式"对话框，如图4.2所示。

（2）单击 新建(N)... ，打开新建"文字样式"对话框，在"样式名"文本框中，输入文字样式名称，如图4.3所示。该文字样式名称的文件名为"样式1"，当然，也可取其他名称。

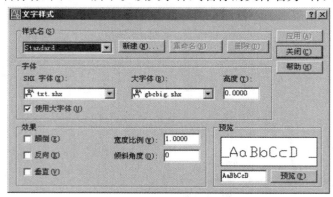

图4.2 "文字样式"对话框

图4.3 "新建文字样式"对话框

（3）单击 确定 ，返回"文字样式"对话框。

（4）在"字体"设置区中，设置"字体名"、"字体样式"和"高度"，如图4.4所示。

2. 解释"文字样式"对话框中的内容

（1）字体名：用于选择字体。在该下拉列表框中，显示了已注册的 TrueType 字体和所有的 AutoCAD 的编译型（.shx）字体，并可直接选择 Windows 系统自带的汉字库。

（2）使用"使用大字体"复选框：在"字体名"下拉列表中选择编译型字体后，选中该复选框，可创建支持大字体的文字样式，此时可在"字体样式"下拉列表框中选择字体样式，如图4.5所示。如果不勾选"使用大字体"复选框，如图4.4所示。

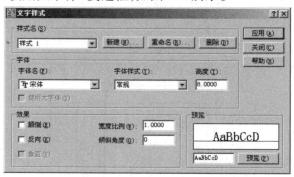

图4.4 设置"字体名"、"字体样式"和
"高度"（不使用"使用大字体"复选框）

（3）字体样式：不勾选"使用大字体"复选框时才有，用于指定字体的格式，如常规字体、粗体或斜体等。

（4）高度：用于设置键入文字的高度。当设置为0时，输入文字时，将被提示指定文字的高度。

（5）效果：在"效果"设置区，设置字体的效果，如"颠倒"、"反向"、"垂直"和"倾斜"等。

（6）应用：单击"应用"按钮，将当前的文字样式，应用于当前图形。

（7）关闭：单击"取消"按钮，保存更改样式设置，关闭"文字样式"对话框。

（8）在"文字样式"对话框中，还包含其他一些按钮或选项，它们的含义如下：

①重命名。单击该按钮，可打开"重命名文字样式"对话框，从中可以重新命名选中的文字样式。

②删除。单击该按钮，可删除指定的文字样式。

③预览。单击该按钮，可预览指定样式的字型。

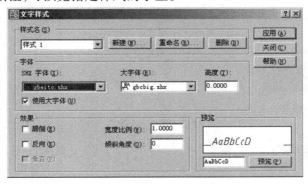

图4.5　设置"字体名"、"字体样式"和
"高度"（使用"使用大字体"复选框）

3. 创建单行文字

（1）单行文字的用途。对于不需要多种字体或多行的简短项，可以创建单行文字。单行文字对于创建标签非常方便。

（2）创建单行文字的步骤如下：

①依次单击"绘图"、"文字"、"单行文字"。

②在绘图区域中单击鼠标，确定文字的起点。

③指定文字的高度。

④指定文字的旋转角度。

⑤输入文字，按 Enter 键换行。如果希望结束文字的输入，可再次按 Enter 键。

⑥利用"移动"命令，移动书写的文字到需要的位置。

提示：

　　●文字高度的设置。可在绘图区域中，任意书写一文字，调节其高度，合适后，再应用于其他文字的高度。

　　●使用"单行文字"创建单行文字时，按 Enter 键可结束每行文字的输入。每行文字都是独立的对象，可以重新定位、调整格式或进行其他的修改。

4. 编辑单行文字

（1）直接修改文字内容。对单行文字的编辑主要是修改文字内容。要修改文字内容，可直接双击文字，此时可以直接在绘图区域修改文字内容，如图 4.6（a）所示，需要对输入的文字："机械 CAD"进行修改，可直接双击"机械 CAD"文字，如图 4.6（b）所示，然后进行修改。修改完后，回车。

（2）单击右键的方式修改文字内容。选中文字后，在绘图界面任意处，单击右键，再单击"特性"命令，打开"特性"对话框，如图4.7所示。在"特性"对话框中，可对文字的内容、样式、对正、高度、旋转、宽度比例、倾斜等，进行修改。修改完后，单击█，关闭"特性"对话框。

机械CAD

（a）需要修改的文字

（b）双击需要修改的文字

图4.6　直接修改单行文字内容

图4.7　利用文字的"特性"
对话框，编辑单行文字

5. 特殊符号的输入

（1）直接输入。输入特殊代码，可产生特定的字符，见表4.1。

表4.1　特殊字符的代码

字符	角度的度符号	正/负：±	直径代号	文字上划线	文字下划线
代码	％％d	％％p	％％c	％％o	％％u

（2）借助 Windows 系统提供的模拟键盘输入。具体的步骤如下：

①选择某种汉字输入法，打开输入法提示条。

②右击输入法提示条中的模拟键盘图标，打开模拟键盘类型列表。

③单击选中某种模拟键盘（如全拼输入法），打开模拟键盘，然后单击选定希望输入的符号即可。

二、书写图4.1中的文字

1. 绘制图形

绘制几何图形，如图4.8所示。

2. 创建文字样式

（1）依次单击"格式"、"文字样式"，打开"文字样式"对话框。

（2）单击 新建(N)... ，打开新建"文字样式"对话框，在"样式名"文本框中，输入文字样式名称："样式二"。

（3）单击 确定 ，返回"文字样式"对话框。

（4）在"字体"设置区中，设置"字体名"：宋体；"字体样式"：常规；"高度"：2。（不使用"大字体"复选框）。

3. 书写单行文字

（1）书写文字：倾斜角度66°。其步骤为：

①依次单击"绘图"、"文字"、"单行文字"。

②在绘图区域适当位置，单击鼠标，确定文字的起点。

③指定文字的高度："2"，回车。

④指定文字的旋转角度："0"，回车。

⑤输入文字："倾斜角度66％％d"，回车。

（2）同理，可输入文字："安装直径为20"。

（3）同理，可输入文字："中心高度为32±2"。（旋转角度输入"90"），如图4.9所示。

（4）利用"移动"命令，移动书写的文字到需要的位置，如图4.10所示。

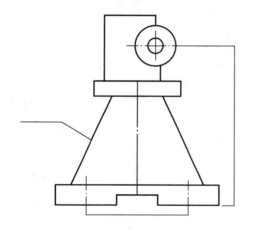

图4.8　绘制几何图形

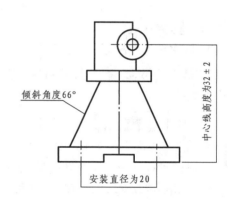

图4.9　书写单行文字

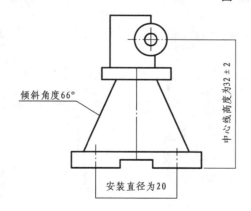

图4.10　移动书写的文字到合适位置

【自己动手4-1】　书写【实例4-1】中的文字

三、创建多行文字

1. 多行文字实例

【实例4-2】　书写图4.11所示的文字。

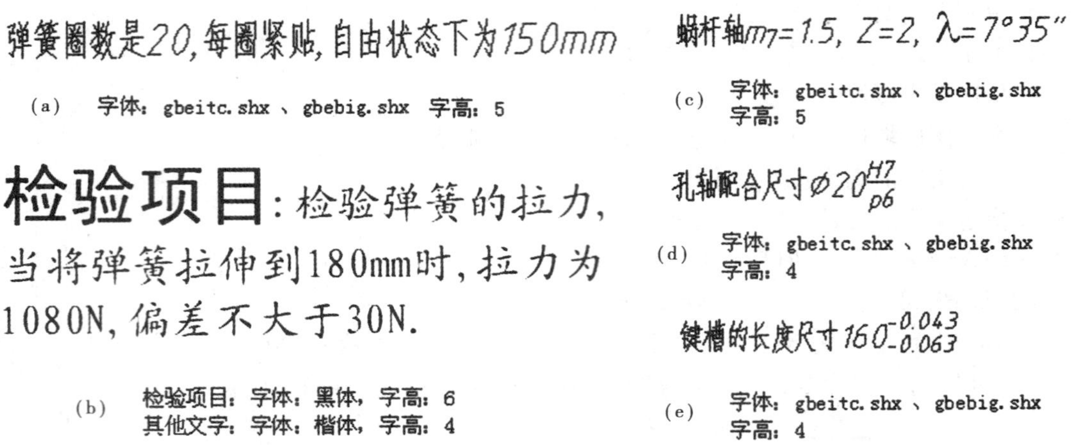

弹簧圈数是20,每圈紧贴,自由状态下为150mm
(a) 字体：gbeitc.shx 、gbebig.shx 字高：5
检验项目：检验弹簧的拉力，当将弹簧拉伸到180mm时，拉力为1080N，偏差不大于30N.
(b) 检验项目：字体：黑体，字高：6
其他文字：字体：楷体，字高：4
蜗杆轴m7=1.5, Z=2, λ=7°35″
(c) 字体：gbeitc.shx 、gbebig.shx
字高：5
孔轴配合尺寸⌀20H7/p6
(d) 字体：gbeitc.shx 、gbebig.shx
字高：4
键槽的长度尺寸160-0.043 -0.063
(e) 字体：gbeitc.shx 、gbebig.shx
字高：4

图 4.11　多行文字实例

2. 创建文字样式

(1)依次单击“格式”、“文字样式”，打开“文字样式”对话框。

(2)单击 新建(N)... ，打开新建“文字样式”对话框，在“样式名”文本框中，输入文字样式名称：“样式 2”。

(3)单击 确定 ，返回“文字样式”对话框。

(4)在“字体名”下拉列表中选择“gbeitc. shx”，选择“使用大字体”选项，在“大字体”下拉列表中选择“gbebig. shx”，如图 4. 12 所示。

(5)单击 关闭(C) ，关闭“文字样式”对话框。

文字样式
样式名(S)
样式 2
新建(N)...
重命名(R)...
删除(D)
应用(A)
关闭(C)
帮助(H)
字体
SHX 字体(X):
gbeitc.shx
大字体(B):
gbcbig.shx
高度(T):
0.0000
使用大字体(U)
效果
颠倒(E)
反向(K)
垂直(V)
宽度比例(W):
1.0000
倾斜角度(O):
0
预览
AaBbCcD
AaBbCcD
预览(P)

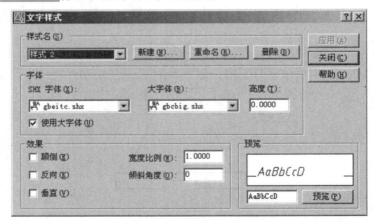

图 4. 12　创建文字样式

提示：

●AutoCAD 提供了符合国标的字体文件。在工程图中，中文字体采用“gbeitc. shx”，该字体文件包含了长仿宋体。西文字体采用“gbeitc. shx”或“gbebig. shx”，“gbeitc. shx”是斜体西文，“gbebig. shx”是正体西文。

3. 书写图 4.11(a)所示的文字

(1)依次单击"绘图"、"文字"、"多行文字"。

(2)在绘图区域中,指定第一角点和对角点,系统将打开多行文字编辑器,如图 4.13 所示。

(3)在"文字格式"对话框中:

①选择需要的文字样式:"样式 2"。

②选择需要的字体:"gbeitc. shx"、"gbebig. shx"。

③选择需要的字体高度,或输入需要的字体高度:"5"。

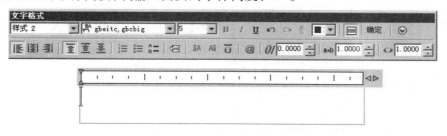

图 4.13　多行文字编辑器

提示:

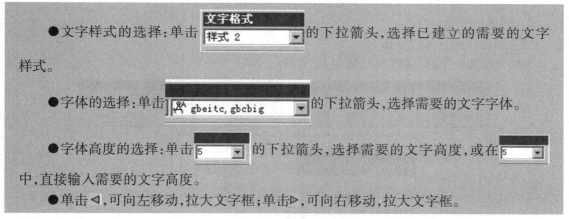

●文字样式的选择:单击 样式 2 的下拉箭头,选择已建立的需要的文字样式。

●字体的选择:单击 gbeitc, gbcbig 的下拉箭头,选择需要的文字字体。

●字体高度的选择:单击 5 的下拉箭头,选择需要的文字高度,或在 5 中,直接输入需要的文字高度。

●单击◁,可向左移动,拉大文字框;单击▷,可向右移动,拉大文字框。

(4)直接键入文字,如图 4.14 所示。

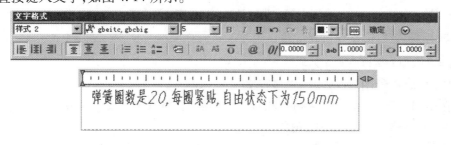

图 4.14　直接键入图 4.11(a)的文字

(5)单击 确定 ,该文字输入完毕。

4. 书写图 4.11(b)所示的文字

(1)依次单击"绘图"、"文字"、"多行文字"。

(2)在绘图区域中,指定第一角点和对角点,系统将打开多行文字编辑器。

(3)在"文字格式"对话框中:

①选择需要的文字样式:"样式2"。

②选择需要的字体:"楷体"。

③输入需要的字体高度:"4"。

(4)直接键入如图 4.15 所示的文字。

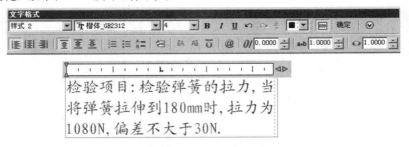

图 4.15　直接键入图 4.11(b)的文字

(5)设定"检验项目"为黑体,字体高度为6,其步骤为:

①选中"检验项目"。

②选择需要的字体:"黑体"。

③输入需要的字体高度:"6",如图 4.16 所示。

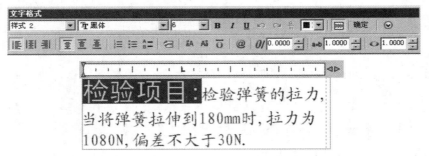

图 4.16　设定已输文字的字体和高度

(6)单击 确定 ,该文字编辑完毕。

5. 书写图 4.11(c)所示的文字

(1)依次单击"绘图"、"文字"、"多行文字"。

(2)在绘图区域中,指定第一角点和对角点,系统将打开多行文字编辑器。

(3)在"文字格式"对话框中选择:

①选择需要的文字样式:"样式2"。

②选择需要的字体:"gbeitc. shx"、"gbebig. shx"。

③输入需要的字体高度:"5"。

(4)键入如图 4.17 所示的文字。

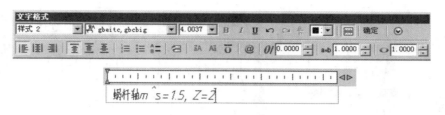

图 4.17　键入文字

（5）选中文字$\hat{\ }s$，单击 按钮，结果如图 4.18 所示。

图 4.18　创建文字下标

（6）特殊符号如 λ、ϕ、τ 等的输入方法：

①依次单击多行文字编辑器的 ⊙、"符号"、"其他"，如图 4.19 所示，弹出 4.20 所示的"字符映射表"对话框。

②单击"字体"的下拉箭头，选择"Symbol"字体。

③选择所需字符："λ"。

④单击 选择(S)，再单击 复制(C)。

⑤返回多行文字编辑器，在需要输入符号"λ"的地方，单击左键，再单击右键，弹出快捷菜单，单击"粘贴"，结果如图 4.21 所示。

（7）继续键入图 4.11（c）余下的文字。用相同的方法输入符号"″"，如图 4.22 所示。

提示：

●"粘贴"符号"λ"后，系统自动回车。

●选择符号"λ"，可对它的高度进行修改，使之符合要求。

（8）单击 确定 ，该文字输入完毕。

6. 书写图 4.11（d）所示的文字

（1）依次单击"绘图"、"文字"、"多行文字"。

（2）在绘图区域中，指定第一角点和对角点，系统将打开多行文字编辑器。

（3）在"文字格式"对话框中选择：

①选择需要的文字样式："样式 2"。

②选择需要的字体："gbeitc. shx"、"gbebig. shx"。

③输入需要的字体高度："4"。

（4）键入如图 4.23（a）所示的文字。

（5）选中文字"H7/p6"，单击 按钮，结果如图 4.23（b）所示。

（6）单击 确定 ，该文字输入完毕。

7. 书写图 4.11（e）所示的文字

（1）依次单击"绘图"、"文字"、"多行文字"。

图 4.19 打开"字符映射表"对话框的方法

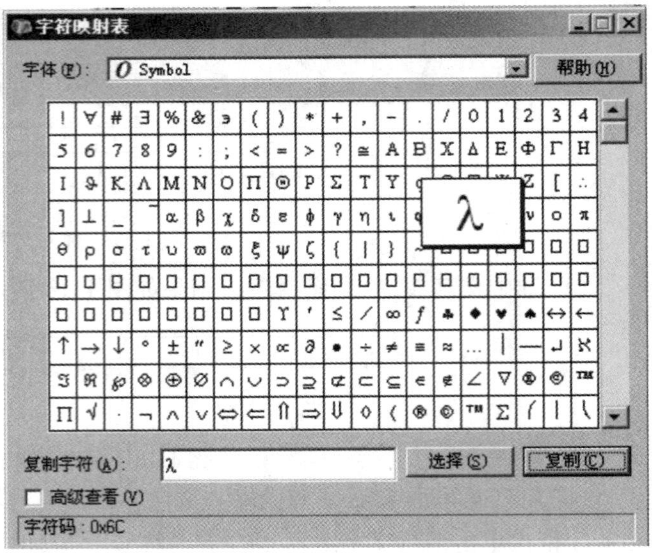

图 4.20 "字符映射表"对话框

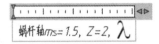

图 4.21 输入符号"λ"

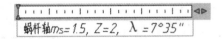

图 4.22 键入图 4.11(c)的文字

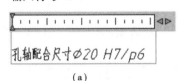

(a)

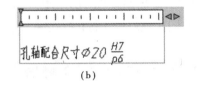

(b)

图 4.23 分数的输入方法

（2）在绘图区域中,指定第一角点和对角点,系统将打开多行文字编辑器。

（3）在"文字格式"对话框中选择:

①选择需要的文字样式:"样式 2"。

②选择需要的字体:"gbeitc. shx"、"gbebig. shx"。

③输入需要的字体高度:"4"。

（4）键入如图 4.24(a)所示的文字。

（5）选中文字"－0.043^－0.063",单击 ᵃ∕ᵇ 按钮,结果如图 4.24(b)所示。

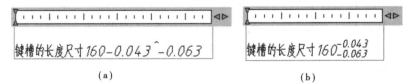

(a)   (b)

图 4.24 公差的输入方法

（6）单击 确定 按钮，该文字输入完毕。

【自己动手4-2】　书写【实例4-2】中的文字

课题二　创建表格

一、表格概述

1. 表格概述

表格是由单元构成的矩形矩阵，这些单元中包含注释（主要是文字）。

表格是在行和列中包含数据的对象。创建表格对象时，首先创建一个空表格，然后在表格的单元中添加内容。

2. 创建表格的步骤

（1）依次单击"绘图"、"表格"，弹出"插入表格"对话框，如图4.25所示。

（2）在"插入表格"对话框中，从列表中选择一个表格样式，或单击 Standard ▼ ...

中的 ... ，弹出"表格样式"对话框，如图4.26所示。

图4.25　"插入表格"对话框

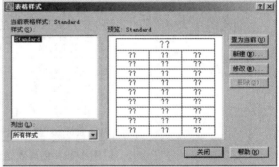

图4.26　"表格样式"对话框

（3）在"表格样式"对话框中，可：

①单击"新建"，创建一个新的表格样式，如图4.27所示，新的表格样式的名称为"01"。

再单击 继续 ，弹出名称为"01"的"新建表格样式"对话框，如图4.28所示。对新建的表格样式进行有关参数的设置，使之符合要求。

②单击 修改(M)... ，对已创建的表格样式，进行修改。

（4）单击 确定 ，回到"插入表格"对话框。

（5）选择插入方法：

①指定表格的插入点。

②指定表格的插入窗口。

（6）设置列数和列宽。

如果使用窗口插入方法，用户可以选择列数或列宽，但是不能同时选择两者。

（7）设置行数和行高。

如果使用窗口插入方法，行数由用户指定的窗口尺寸和行高决定。

图 4.27 创建一个新的表格样式(名称为"01")

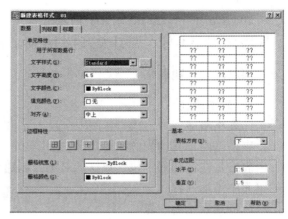

图 4.28 名称为"01"的"新建表格样式"对话框

(8)单击 **确定** ,就创建了一个新表格。

二、创建表格实例

1.【实例 4-3】

创建图 4.29 所示的表格,并完成表格中的文字。

电机功率	P_W	1.75 kW
牵引载荷	P_K	≈1 200 N
许可环境温度	γ	−30°~60°
连续工作时间	δ	≤10 h
整机生产率	η	10~1.5 m³/h

图 4.29 创建表格,并完成表格中的文字

2. 方法

(1)依次单击"绘图"、"表格",弹出"插入表格"对话框。

(2)单击 Standard 中的 ,弹出"表格样式"对话框。

(3)单击"新建",创建一个名称为"02"的新的表格样式。

(4)单击 **继续** ,弹出名称为"02"的"新建表格样式"对话框。

(5)单击 ,创建一个名称为"表格文字"的文字样式,字体为 gbeitc. shx、gbebig. shx。如图 4.30 所示。

(6)其他项目,按图 4.30 所示设置。

(7)单击 **确定** 按钮,弹出"文字格式"对话框,如图 4.31 所示。

①按图 4.31 所示的"文字格式"对话框,设置字体:"楷体";字体高度:"2.5"。

②键入文字:"整机生产率"。

③单击 **确定** 按钮,如图 4.32 所示。

(8)单击文字:"整机生产率",如图 4.33 所示。单击右键,在弹出的快捷菜单中,选择"复制"。

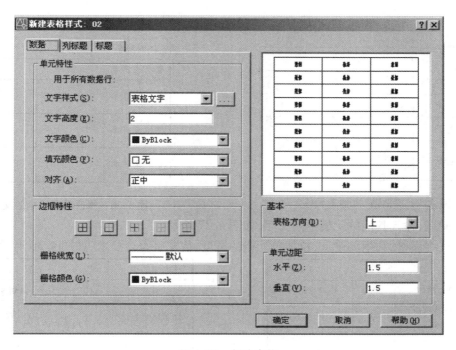

图 4.30 创建表格

图 4.31 在"文字格式"对话框,键入文字:"整机生产率"

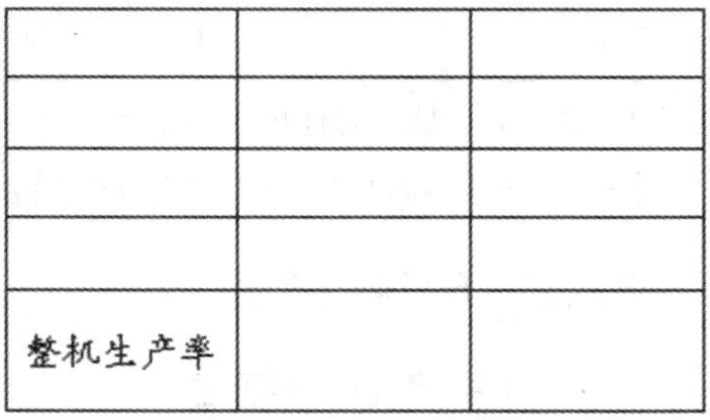

图 4.32 创建新表格

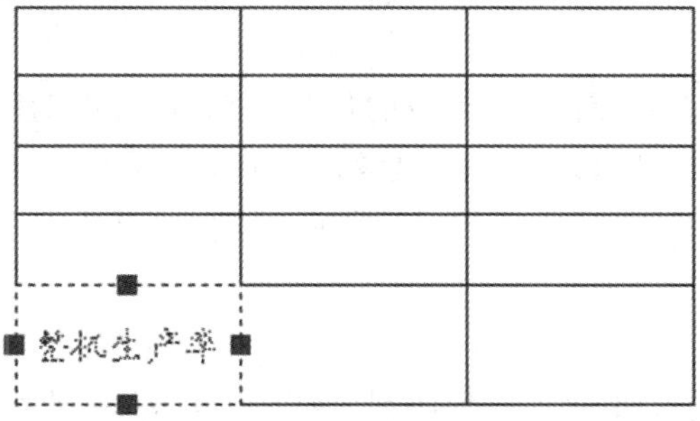

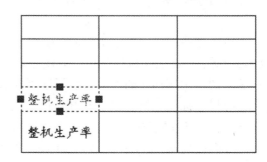

图 4.33 选择"复制"的内容

图 4.34 "粘贴"到单元格

(9)单击需要粘贴的单元格,单击右键,在弹出的快捷菜单中,选择"粘贴",如图 4.34 所示。

(10)同理,把"整机生产率"粘贴其他单元格,如图 4.35 所示。

(11)选择需修改文字的单元格,双击左键,选中文字,输入该单元格中的文字,如图 4.36

91

所示。

整机生产率	
整机生产率	
整机生产率	
整机生产率	

图 4.35　"粘贴"其他单元格

电机功率	
整机生产率	
整机生产率	
整机生产率	
整机生产率	

图 4.36　修改单元格中的文字

（12）同理，输入其他单元格中的文字，如图 4.37 所示。

（13）选中表格，利用关键点，拉伸单元格的宽度，使文字符合要求，如图 4.38 所示。

电机功率	P_W	1.75 kW
牵引载荷	P_K	≈1 200 N
许可环境温度	γ	−30° ~60°
连续工作时间	δ	≤10 h
整机生产率	η	10 ~1.5 m³/h

图 4.37　填入其他单元格中的文字

电机功率	P_W	1.75 kW
牵引载荷	P_K	≈1 200 N
许可环境温度	γ	−30° ~60°
连续工作时间	δ	≤10 h
整机生产率	η	10 ~1.5 m³/h

图 4.38　调整单元格的宽度

【自己动手 4-3】　创建【实例 4-3】的表格，并完成表格中的文字。

课题三　尺寸标注简述

一、CAD 中尺寸标注概述

1. 尺寸标注的规则

（1）对象的真实大小应以图样上所标注的尺寸为依据，与图形的大小及绘图的准确度无关。

（2）图形中的尺寸以毫米（mm）为单位时，不需要标注计量单位的代号或名称。如采用其他单位，则必须注明相应计量单位的代号或名称，如 60°（度）、cm（厘米）或 m（米）等。

（3）图形中所标注的尺寸为该图形所表示对象的最后完工尺寸，否则应另加说明。

（4）尺寸标注应符合《机械制图》的有关要求。

2. 尺寸标注的组成

与《机械制图》手工标注尺寸一样，一个完整的尺寸标注一般由尺寸线、尺寸界限、尺寸文本（即尺寸值）等 3 部分组成，如图 4.39 所示。

（1）尺寸界线。为了标注清晰，通常用尺寸界线将标注的尺寸引出被标注对象之外。有时也用对象的轮廓线或中心线代替尺寸界线。在 CAD 中，一条尺寸线分为尺寸界线 1、尺寸界线 2。

①尺寸界线 1。位于第一指定的界线端点一边。

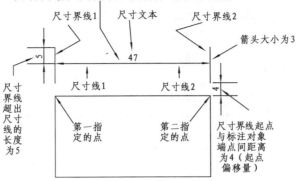

图4.39　尺寸标注的说明

②尺寸界线2。位于第二指定的界线端点一边。

(2)尺寸线。尺寸线用来表示尺寸标注的范围,它一般是带有双箭头的单线段或带有单箭头的双线段。对于角度的标注,尺寸线为弧线。在 CAD 中,一条尺寸线分为尺寸线1、尺寸线2。

①尺寸线1。以尺寸文本为界,靠近尺寸界线1的尺寸线。

②尺寸线2。以尺寸文本为界,靠近尺寸界线2的尺寸线。

(3)尺寸文本。尺寸文本用来标注尺寸的具体值。尺寸文本可以只反映基本尺寸,可以带尺寸公差,还可以按极限尺寸形式标注。如果尺寸界限内放不下尺寸文本,AutoCAD 会自动地将其放在外部。

此外,还有尺寸箭头。尺寸箭头位于尺寸线的两端,用于标记标注的起始和终止位置。"箭头"是一个广义概念,AutoCAD 提供有各种箭头供用户选择,也可以用短划线、点或其他标记代替尺寸箭头。

二、创建尺寸标注样式的步骤

在 AutoCAD 中,对图形进行尺寸标注的步骤如下:

1. 创建尺寸标注图层

依次单击"格式"、"图层",打开"图层特性管理器"对话框,创建一个独立的图层,用于尺寸标注。

2. 尺寸标注的文字样式

依次单击"格式"、"文字样式",打开"文字样式"对话框。创建一种文字样式,用于尺寸标注。

3. 打开"标注样式管理器"对话框

依次单击"格式"、"标注样式",打开"标注样式管理器"对话框。利用"标注样式管理器"对话框,创建和设置标注样式。

4. 标注尺寸

使用对象捕捉等功能,对图形中的元素进行标注。尺寸标注的其他内容在本项目后面的实例中,具体讲述。

任务二 轴类零件的绘制和标注

课题一 轴类零件的绘制

【实例4-4】 绘制图4.40所示的轴类零件。

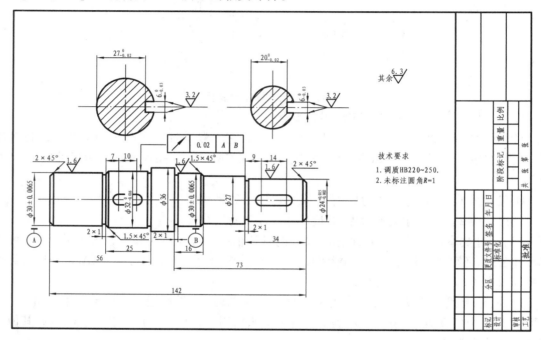

图4.40 轴类零件的图样

一、图样分析

1. 选择 A4 图纸,比例为 1:1。

2. 主视图轴线水平横放,键槽利用断面图表达。

3. 绘制主视图时,可充分利用偏移功能。

4. 轴线作为绘图的径向基准,轴肩右边竖线作为绘图的轴向基准。

二、绘制过程

1. 新建图形文件

新建一个图形文件。

2. 设置图层

(1)宽度为默认的细实线层。

(2)宽度为 0.3 mm 的粗实线层。

(3)宽度为默认的点画线层。

(4)宽度为默认的尺寸线层。

(5)把细实线层置为当前层。

3. 选择图纸,绘制基准线

(1)选择 *A*4 幅面模板。

(2)绘制长度大于 160 mm 的水平轴线,作为径向基准线。

(3)在水平轴线的中间处,绘制长度大于 36 mm 的垂直线,作为轴向基准线,如图 4.41 所示。

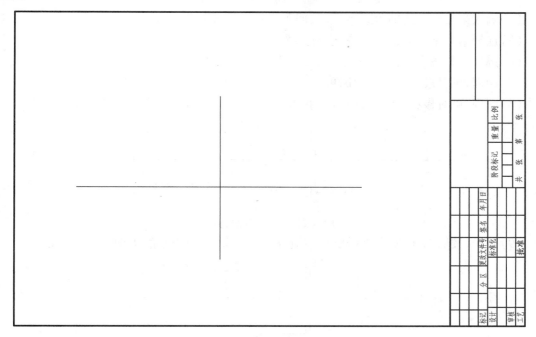

图 4.41　选择图纸,绘制基准线

4. 绘制轴向基准线以左的线

(1)利用"偏移"命令,按图样尺寸,绘制轴向基准线以左的竖线。

(2)利用"偏移"命令,按图样尺寸,将水平轴线分别向上、向下偏移。

(3)利用"修剪"、"删除"命令,修剪或删除不需要的线,如图 4.42 所示。

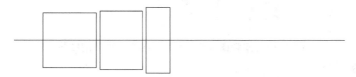

图 4.42　绘制轴向基准线以左的几何图形

5. 绘制轴向基准线以右的线段

同理,可绘制轴向基准线以右的线段,如图 4.43 所示。

6. 倒角

(1)依次单击"修改"、"倒角"。

(2)选择"距离(D)"的方式倒角,输入:"D",回车。

(3)输入第一个边的倒角距离:"2",回车。

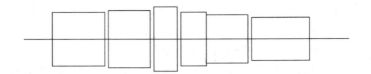

图 4.43　绘制轴向基准线以右的几何图形

（4）输入第二个边的倒角距离："2"，回车。

（5）选择第一条直线：单击最左边的竖线。

（6）选择第二条直线：单击最左边上面的横线。

（7）同理，可对最左端的下面倒角。

（8）同理，可对最右端倒角，如图 4.44 所示。

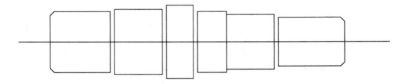

图 4.44　左、右两端倒角

（9）同理，按照图样，对其他需倒角的地方进行 1.5 ×45°的倒角，如图 4.45 所示。

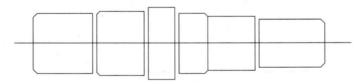

图 4.45　对其他需倒角的地方倒角

（10）按制图要求，绘制倒角处所需要的线段，如图 4.46 所示。

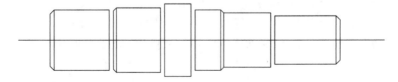

图 4.46　按制图要求，绘制倒角处所需要的线段

7. 绘制砂轮越程槽

（1）利用"偏移"命令，绘制砂轮越程槽所需要的线段。

（2）利用"修剪"、"删除"命令，修剪或删除砂轮越程槽不要的线段，如图 4.47 所示。

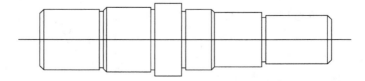

图 4.47　绘制砂轮越程槽

8. 绘制键槽

（1）利用"偏移"命令，将直线 *AB*，向其右边偏移 5，10，确定左侧键槽位置。

（2）利用"偏移"命令，将直线 *CD*，向其右边偏移 9，14，确定右侧键槽位置，如图 4.48 所示。

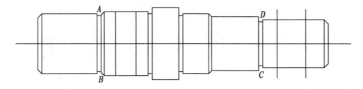

图 4.48　绘制键槽的定位线

（3）在左侧键槽位置，绘制直径为 6 的两个圆。

（4）在右侧键槽位置，绘制直径为 6 的两个圆。

（5）绘制键槽的水平线。

（6）按图样要求，将键槽修剪成形，如图 4.49 所示。

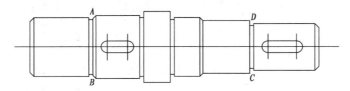

图 4.49　绘制键槽

9. 绘制键槽的断面图

（1）在键槽上方，绘制键槽断面图圆的水平线和竖直线。

（2）在水平线和竖直线交点处，按图样尺寸绘制键槽断面图的几何图形，如图 4.50 所示。

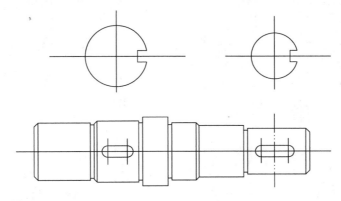

图 4.50　绘制键槽断面图的几何图形

（3）绘制键槽断面图剖面线。其过程如下：

①依次单击"绘图"、"图案填充"，弹出"图案填充和渐变色"对话框，如图 4.51 所示。

②在"图案填充和渐变色"对话框中，单击 ⬚⬚⬚ 按钮，弹出"填充图案选项板"对话框，如图 4.52 所示。

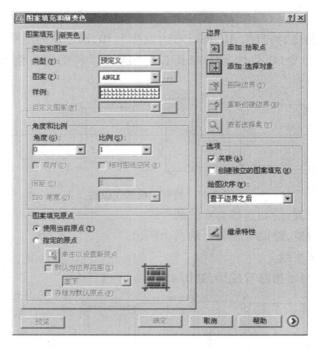

图 4.51 "图案填充和渐变色"对话框

③单击 ANSI ，在弹出的对话框中，单击"ANSI31"，选取剖面线图案：ANSI31，如图 4.53
所示。

④单击 确定 ，回到"图案填充和渐变色"对话框。

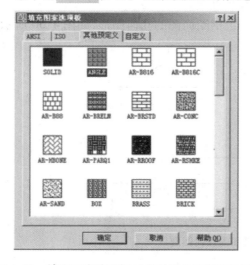

图 4.52 填充图案选项板（"其他预定义"选项卡）

图 4.53 "ANSI"选项卡中，选取剖面线图案

⑤单击 添加：选择对象 ，回到绘图界面，选取填充区域：选取键槽的断面图（两个），回车。

⑥回到"图案填充和渐变色"对话框，单击 确定 按钮。填充完毕，完成键槽的断面图剖
面线的绘制，如图 4.54 所示。

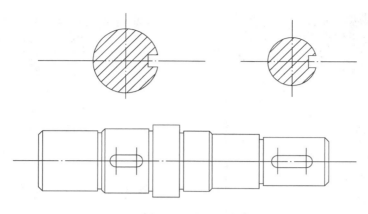

图 4.54　键槽的断面图剖面线的绘制

10. 检查图形

检查图形是否绘制完毕,并查漏补缺、修正错误,确保无误。

11. 放入图层

把几何图形放入相应的图层,如图 4.55 所示。

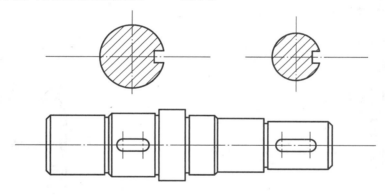

图 4.55　把几何图形放入相应的图层

12. 其他

移动图形至绘图区域合适的位置。保存并关闭该图形。

提示:

●"填充图案选项板"对话框,除了图 4.52 所示的"其他预定义"选项卡和图 4.53 所示的"ANSI"选项卡外,还有"ISO"选项卡和"自定义"选项卡,分别如图 4.56、图 4.57所示。

●需要选取哪个选项卡,就单击哪个选项卡,在选项卡中,选取需要的图案单击之。

●在"图案填充和渐变色"对话框中的"角度(G)"下拉列表框中,可设置填充图案的角度,如图 4.58 所示。

●在"图案填充和渐变色"对话框中的"比例(S)"下拉列表框中,可设置填充图案的比例,如图 4.59 所示。

●填充图案的区域一般要封闭,否则填充图案时将有可能出错。

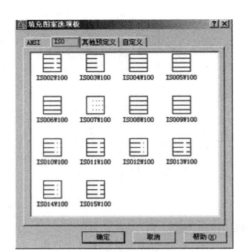

图 4.56　"ISO"选项卡　　　　　图 4.57　"自定义"选项卡

图 4.58　设置填充图案的角度　　　　图 4.59　设置填充图案的比例

课题二　轴类零件图尺寸标注

【实例 4-5】　标注图 4.40 所示的轴类零件的尺寸。

一、零件图样尺寸分析

打开所绘制的轴类零件图形。

1. 零件图样尺寸类型

（1）不带偏差的尺寸。

（2）带对称偏差的尺寸。

（3）带极限偏差的尺寸。

（4）带前缀和极限偏差的尺寸。

（5）倒角尺寸。

（6）形位公差尺寸。

（7）粗糙度尺寸。

另外,还有文字。

2. 创建尺寸样式的种类

(1)线性标注。标注不带偏差的尺寸。

(2)对称公差。标注带对称偏差的尺寸。

(3)极限偏差。标注带极限偏差的尺寸。

(4)前缀和极限偏差。标注带前缀和极限偏差的尺寸。

二、创建标注尺寸的文字样式

(1)依次单击"格式"、"文字样式",打开"文字样式"对话框。

(2)单击 新建(N)... ,打开"新建文字样式"对话框,在"样式名"文本框中,输入文字样式名称:"文字样式1"。

(3)单击 确定 ,返回"文字样式"对话框。

(4)在"字体名"下拉列表中选择"gbeitc. shx",勾选"使用大字体"选项,在"大字体"下拉列表中选择"gbebig. shx",如图4.60所示。

(5)依次单击 应用(A) 、 关闭(C) 按钮,关闭"文字样式"对话框。

(6)把尺寸线层置为当前层。

三、建立尺寸标注样式

1. 创建不带公差的线性标注尺寸样式

(1)依次单击"格式"、"标注样式",打开"标注样式管理器"对话框,如图4.61所示。

(2)单击 新建(N)... ,打开"创建新标注样式"对话框,如图4.62所示。

(3)在 新样式名(N): 右边的文本框中,输入新样式名称:"线性标注"。

(4)在 基础样式(S): 下拉列表框中,选择一种基础样式:"ISO-25"。

(5)在 用于(U): 下拉列表框中,设定新建标注样式的适用范围:"所有标注"。

图4.60　创建标注尺寸的文字样式

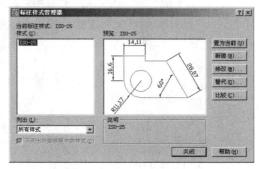

图4.61　"标注样式管理器"对话框

提示:

　　"创建新标注样式"对话框中各选项的作用:

　　●"新样式名(N)":其右边的文本框中,用户可以输入自己命名的新样式名称或选取已创建的样式名称,如图4.62中的"线性标注"。

●"基础样式(S)":其右边的下拉列表框中,选择一种基础样式,新样式将在该基础样式上进行修改。

●在"用于(U):"下拉列表框中,设定新建标注样式的适用范围,可适用的范围有"所有标注"、"线性标注"、"角度标注"、"半径标注"、"直径标注"、"坐标标注"以及"引线和公差"等,如图4.63所示。

图4.62 "创建新标注样式"对话框

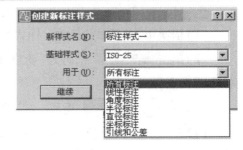

图4.63 选取新建标注样式的适用范围

(6)单击  继续 ,打开"新建标注样式:线性标注"对话框。

(7)设置"直线"选项。单击"新建标注样式:线性标注"对话框中的 直线 选项卡,打开"直线"选项卡对话框。如图4.64所示,按图设置各选项。

提示:

　　"直线"选项卡对话框中各选项的作用:
　　●"尺寸界线"选项区域各选项的作用:
　　①"颜色"下拉列表框。用于设置尺寸线的颜色。
　　②"线型"下拉列表框。用于设置尺寸线的线型。
　　③"线宽"下拉列表框。用于设置尺寸线的宽度。
　　④"超出标记"文本框。当尺寸线的箭头产生"倾斜"、"建筑标记"、"小点"、"积分"或"无标记"等样式时,使用该文本框可以设置尺寸线超出尺寸界限的长度。
　　⑤"基线间距"文本框。进行基线尺寸标注时,可以设置各尺寸线之间的距离。
　　⑥"隐蔽"选项区域。在"尺寸线1"项或"尺寸线2"项前的框中打"√",可以隐蔽"尺寸线1"或"尺寸线2"。
　　⑦关于"尺寸线1"或"尺寸线2",请见图4.39所示。
　　●"尺寸界线"选项区域各选项的作用:
　　①"颜色"下拉列表框。用于设置尺寸界线的颜色,默认情况下尺寸界线的颜色随块。
　　②"尺寸界线1(I):"下拉列表框。用于设置尺寸界线1的线型。默认情况下线型随块。
　　③"尺寸界线2(I):"下拉列表框。用于设置尺寸界线2的线型。默认情况下线型随块。
　　④"线宽"下拉列表框。用于设置尺寸界线的宽度,默认情况下线宽随块。

⑤"隐蔽"选项区域。在"尺寸界线1"项或"尺寸界线2"项前的框中打"√",可以隐蔽"尺寸界线1"或"尺寸界线2"。

⑥关于"尺寸界线1"或"尺寸界线2",请见图4.39所示。

●"超出尺寸线(X):"选项的作用。控制尺寸界线超出尺寸线的长度。如图4.39所示:尺寸界线超出尺寸线的长度为5。尺寸界线超出尺寸线的长度,一般取2~3。

●"起点偏移量(F):"选项的作用。控制尺寸界线起点与标注对象端点间的距离。如图4.39所示:起点偏移量为4。起点偏移量数字的确定一般应使尺寸界线与标注对象不发生接触。

（8）设置"符号与箭头"选项。单击"新建标注样式:线性标注"对话框中的 **符号和箭头** 选项卡,打开"符号和箭头"选项卡对话框。如图4.65所示,按图设置各选项。

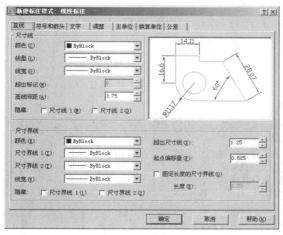

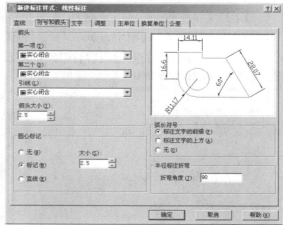

图4.64 "直线"选项卡对话框　　　　图4.65 "符号和箭头"选项卡对话框

提示:

　　"符号和箭头"选项卡对话框中各选项的作用:

●"箭头"选项区域。为了满足不同类型的图形标注的需要,AutoCAD设置了20多种箭头样式,用户可以从对应的下拉列表框中选择需要的箭头,并在"箭头大小"文本框中设置它们的大小,但机械图样中箭头的设置应符合《机械制图》的要求。

此外用户也可以使用自定义箭头。此时可在箭头的下拉列表框中,单击"用户箭头"选项,打开"选择自定义箭头块"对话框,在"从图形中选择"文本框中,输入当前图形中已有的块名,然后单击确定,AutoCAD将以该块作为尺寸线的箭头样式,此时块的插入基点与尺寸线的端点重合。

●"圆心标记"选项区域。在"圆心标记"选项区域中,用户可以设置圆心标记的类型和大小:

①选择"标记(M)"选项,可对圆或圆弧绘制圆心标记。

②选择"直线(E)"选项,可对圆或圆弧绘制中心线。

③选择"无"选项,则不做任何标记。

④"大小"文本框。用于设置圆心标记的大小。

(9)设置"文字"选项。单击"新建标注样式:线性标注"对话框中 **文字** 选项卡。打开"文字"选项卡对话框,如图 4.66 所示。

①单击"文字样式(T)"右边的 ... 按钮,打开"文字样式"对话框,选择刚新建的文字样式:"文字样式 1",如图 4.67 所示。单击 **关闭(C)** 按钮,关闭"文字样式"对话框,回到"创建新标注样式:线性标注"对话框。

②单击"文字样式(T)"下拉列表框中的下拉箭头,选取"文字样式 1"。

③在"文字高度(T)"文本框中,输入标注文字的高度:"5"。

④在"文字位置"选项中,"垂直"位置,选取"上方";"水平"位置,选取"置中"。

⑤在"文字对齐"选项中,选取"与尺寸线对齐"单选按钮。

⑥"文字"选项卡的其他内容,按图 4.66 设置。

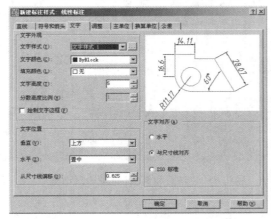

图 4.66　"文字"选项卡对话框

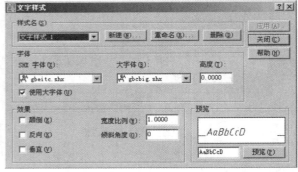

图 4.67　选取"文字样式 1"

提示:

"文字"选项卡对话框中各选项的作用:

● "文字外观"选项区域。用户可以设置文字的样式、颜色、高度和分数高度比例,以及控制是否绘制文字边框。

①"文字样式(T)"下拉列表框。用于选择标注的文字样式,也可以单击其右边的 ... 按钮,打开"文字样式"对话框,从中选择已建的文字样式或新建文字样式。

②"文字颜色(C)"下拉列表框。用于设置标注文字的颜色。

③"文字高度(T)"文本框。用于设置标注文字的高度。

④"分数高度比例(M)"文本框。用于设置标注文字中的分数相对于其他标注文字的比例。AutoCAD 会将该比例值与标注文字高度的乘积作为分数的高度。

⑤"绘制文字边框(F)"复选框。用于设置是否给标注文字加边框。

●"文字位置"选项区域。用户可以设置文字的垂直、水平位置以及距尺寸线的偏移量。

①"垂直"下拉列表框。用于设置标注文字相对于尺寸线在垂直方向的位置,有四种方式。如图4.68所示。当选择"置中"选项时,可以把标注文字放在尺寸线中间;当选择"上方"选项时,可以把标注文字放在尺寸线的上方;当选择"外部"选项时,可以把标注文字放在远离第一指定点的尺寸线一侧;当选择JIS选项时,则按JIS规则放置标注文字。

②"水平"下拉列表框。用于设置标注文字相对于尺寸线和尺寸界限在水平方向的位置,有"置中"、"第一条尺寸界限"、"第二条尺寸界限"、"第一条尺寸界限上方"、"第二条界限上方"等选项,如图4.69所示。

③"从尺寸线偏移"文本框。用于设置标注文字与尺寸线之间的距离。如果标注文字位于尺寸线中间,则表示尺寸线断开处的端点与尺寸文字的间距;若标注文字带有边框,则可控制文字边框与其中文字的距离,可见图4.39所示。

●"文字对齐"选项区域。在"文字对齐"选项区域中,用户可以设置标注文字是保持水平还是与尺寸线平行。其中3个选项的含义如下:

①"水平"单选按钮。使标注文字水平放置,如图4.70所示。

②"与尺寸线对齐"单选按钮。使标注文字方向与尺寸线方向一致,如图4.71所示。

③"ISO标准"单选按钮。使标注文字按ISO标准放置。当标注文字在尺寸界线之内时,它的方向与尺寸线方向一致;而在尺寸界线之外时,则水平放置,如图4.72所示。

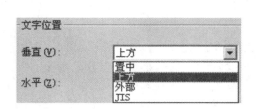

图4.68 标注文字相对于尺寸线
在垂直方向的位置

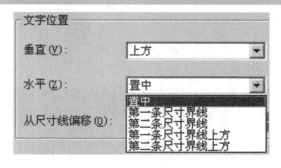

图4.69 标注文字相对于尺寸线和
尺寸界限在水平方向的位置

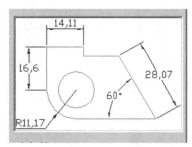

图4.70 水平

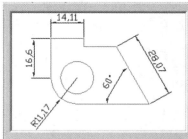

图4.71 与尺寸线对齐

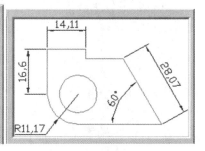

图4.72 ISO标准

（10）设置"调整"选项。单击"新建标注样式:线性标注"对话框中 调整 选项卡。打开"调整"选项卡对话框。如图4.73所示,按图设置各选项。

提示:

"调整"选项卡对话框中各选项的作用:

● "调整选项"选项区域。在"调整选项"选项区域中,当尺寸界线之间没有足够的空间来同时放置标注的文字和箭头时,应首先从尺寸界线之间移出文字或箭头。该选项区域中各个选项的含义如下:

①"文字或箭头(最佳效果)"单选按钮。单选此项,由 AutoCAD 按最佳效果自动移出文字或箭头。

②"箭头"单选按钮。单选此项,首先将箭头移出。

③"文字"单选按钮。单选此项,首先将文字移出。

④"文字和箭头"单选按钮。单选此项,将文字和箭头都移出。

⑤"文字始终保持在尺寸界线之间"单选按钮。单选此项,可将文字始终保持在尺寸界线之内。

⑥"若不能放在尺寸界线内,则消除箭头"复选框。复选该项,可以抑制箭头显示。

● "文字位置"选项区域。在"文字位置"选项区域中,可以设置当文字不在默认位置时的位置。其中各个选项的含义如下:

①"尺寸线旁边"单选按钮。单选此项,可将文字放在尺寸线旁边。

②"尺寸线上方,带引线"单选按钮。单选此项,可将文字放在尺寸线的上方,并加上引线。

③"尺寸线上方,不带引线"单选按钮。单选此项,可将文字放在尺寸线的上方,但不加引线。

● "标注特征比例"选项区域。在"标注特征比例"选项区域中,用户可以设置标注尺寸的特征比例,以便设置全局比例因子,来增加或减少各标注的大小。其中各个选项的含义如下:

①"使用全局比例"单选按钮。单选此项,可对全部尺寸标注设置缩放比例,该比例不改变尺寸的测量值。

②"将标注缩放到布局"单选按钮。单选此项,根据当前模型空间视口与图纸空间之间的缩放关系设置比例。

● "优化"选项区域。在"优化"选项区域中,用户可以对标注文字和尺寸线进行细微调整。该选项区域包括以下两个复选框:

①"手动放置文字"复选框。单选此项,则忽略标注文字的水平设置,在标注时,将标注文字放置在用户指定的位置。

②"在尺寸界线之间绘制尺寸线"复选框。单选此项,当尺寸箭头放置在尺寸界线之外时,也在尺寸界线之内绘制出尺寸线。

（11）设置"主单位"选项。单击"新建标注样式:线性标注"对话框中 主单位 选项卡,打开"主单位"选项卡对话框。如图4.74所示,按图设置各选项。

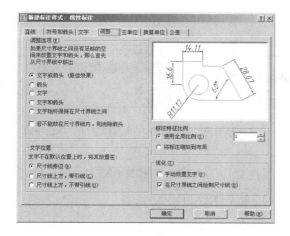

图 4.73 "调整"选项卡对话框

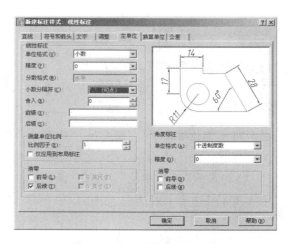

图 4.74 "主单位"选项卡对话框

提示：

"主单位"选项卡对话框中各选项的作用：

● "线性标注"选项区域。在"线性标注"选项区域中可以设置线性标注的单位格式与精度。该选项区域中各个选项的含义如下：

①"单位格式"下拉列表框。设置标注类型的尺寸单位，包括"科学"、"小数"、"工程"、"建筑"、"分数"及"Windows 桌面"等选项，如图 4.75 所示。

②"精度"下拉列表框。用于设置除角度之外的其他标注的尺寸精度，如图 4.76 所示。

③"分数格式"下拉列表框。当单位格式是分数时，可以设置分数的格式，包括"水平"、"对角"和"非堆叠"三种方式。

④"小数分隔符"下拉列表框。用于设置小数的分隔符，包括"逗点"、"句点"和"空格"3 种方式，如图 4.77 所示。

⑤"前缀"和"后缀"文本框。用于设置标注文字的前缀和后缀，用户在相应的文本框中输入字符即可。

● "测量单位比例"选项区域。使用"比例因子"文本框可以设置测量尺寸的缩放比例，AutoCAD 的实际标注值为测量值与该比例的积；复选"仅应用到布局标注"选项，可以设置该比例关系是否适用于布局。

● "消零"选项区域。可以设置是否显示尺寸标注中的"前导"和"后续"零。

● "角度标注"选项区域。在"角度标注"选项区域中，用户可以：

①选择"单位格式"下拉列表框中的选项，可以设置标注角度时的单位，如图 4.78 所示。

②使用"精度"下拉列表框，可以设置标注角度的尺寸精度。

③使用"消零"选项，可以设置是否消除角度尺寸的"前导"和"后续"零。

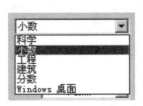  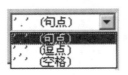 

图 4.75　"单位格式"　　图 4.76　"精度"　　图 4.77　"小数分隔符"　　图 4.78　"角度标注"的"单位格式"

（12）设置"换算单位"。单击"新建标注样式:线性标注"对话框中 换算单位 选项卡,打开"换算单位"选项卡对话框,如图 4.79 所示,不要勾选"显示换算单位"。

提示:

"换算单位"选项卡对话框的作用:

●在 AutoCAD2006 中,通过换算标注单位,可以转换使用不同测量单位制的标注。通常是显示英制标注的等效公制标注,或公制标注的等效英制标注。在标注文字中,换算标注单位显示在主单位旁边的方括号[　]中。

●在"换算单位"选项卡中,复选"显示换算单位"选项,用户可以在"换算单位"选项区域中设置换算单位的"单位格式"、"精度"、"换算单位乘数"、"舍入精度"、"前缀"及"后缀"等,方法与设置主单位的方法相同。

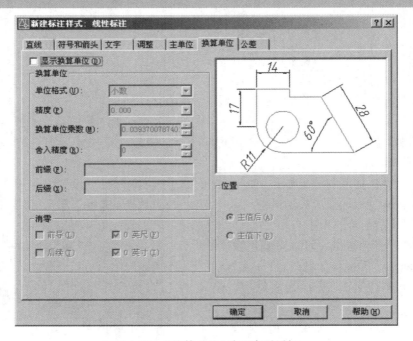

图 4.79　"换算单位"选项卡对话框

（13）单击 确定 ,关闭"新建标注样式:线性标注"对话框,回到"标注样式管理器"对话框,名为"线性标注"的尺寸样式创建完毕。单击 关闭 ,关闭"标注样式管理器"对话框。

2. 创建带对称公差的尺寸标注样式

（1）依次单击"格式"、"标注样式"，打开"标注样式管理器"对话框。

（2）单击 **新建 (N)...** ，打开"创建新标注样式"对话框。

（3）在 **新样式名 (N)：** 右边的文本框中，输入新样式名称："对称公差"。

（4）在 **基础样式 (S)：** 下拉列表框中，选择基础样式："线性标注"。

（5）在 **用于 (U)：** 下拉列表框中，设定新建标注样式的适用范围："所有标注"，如图4.80所示。

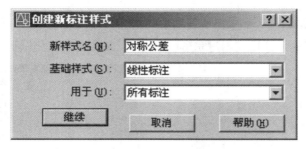

图4.80　创建带对称公差的标注尺寸样式

（6）单击 **继续** ，打开"新建标注样式"对话框。

（7）单击"新建标注样式：对称公差"对话框中的"主单位"选项卡，打开"主单位"选项卡对话框。在"主单位"选项卡对话框中，设置前缀："%%C"，如图4.81所示。

（8）单击"新建标注样式：对称公差"对话框中的"公差"选项卡，打开"公差"选项卡对话框。如图4.82所示，按图设置各选项。

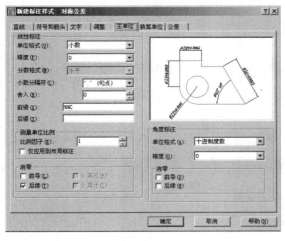

图4.81　设置前缀

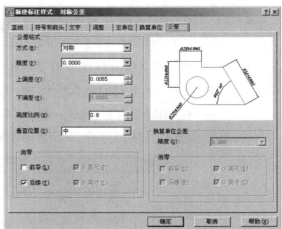

图4.82　对称公差的设置

（9）单击 **确定** ，关闭"新建标注样式：对称公差"对话框，回到"标注样式管理器"对话框，名为"对称公差"的尺寸样式创建完毕。

3. 创建带极限偏差的尺寸标注样式

（1）在"标注样式管理器"对话框中，单击 **新建 (N)...** ，打开"创建新标注样式"对话框。

（2）在 **新样式名 (N):** 右边的文本框中，输入新样式名称："极限偏差"。

（3）在 **基础样式 (S):** 下拉列表框中，选择基础样式："线性标注"。

（4）在 **用于 (U):** 下拉列表框中，设定新建标注样式的适用范围："所有标注"，如图4.83所示。

（5）单击 | 继续 |，打开"新建标注样式：极限偏差"对话框。

（6）单击"新建标注样式"对话框中的"公差"选项卡。打开"公差"选项卡对话框，如图4.84所示，按图设置各选项。

（7）单击 | 确定 |，关闭"新建标注样式：极限偏差"对话框，回到"标注样式管理器"对话框，名称为"极限偏差"的尺寸样式创建完毕。单击 | 关闭 |，关闭"标注样式管理器"对话框。

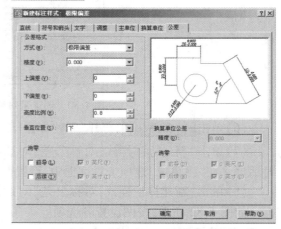

图4.83　创建带极限偏差的尺寸标注样式

图4.84　极限偏差的设置

4. 创建带前缀和极限偏差的尺寸标注样式

（1）在"标注样式管理器"对话框中，单击 | 新建 (N)... |，打开"创建新标注样式"对话框。

（2）在 **新样式名 (N):** 右边的文本框中，输入新样式名称："前缀和极限偏差"。

（3）在 **基础样式 (S):** 下拉列表框中，选择基础样式："极限偏差"。

（4）在 **用于 (U):** 下拉列表框中，设定新建标注样式的适用范围："所有标注"，如图4.85所示。

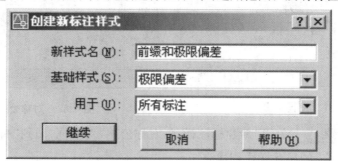

图4.85　创建带极限偏差的尺寸标注样式

（5）单击 | 继续 |，打开"新建标注样式：前缀和极限偏差"对话框。

（6）单击"新建标注样式：前缀和极限偏差"对话框中的"主单位"选项卡，打开"主单位"选项卡对话框。在"主单位"选项卡对话框中，设置前缀："%％C"。

（7）单击 确定 ，关闭"新建标注样式：前缀和极限偏差"对话框，回到"标注样式管理器"对话框，名称为"前缀和极限偏差"的尺寸样式创建完毕。单击 关闭 ，关闭"标注样式管理器"对话框。

5. 勾选标注尺寸所需的主要特征点

（1）单击"对象捕捉"选项卡，勾选标注尺寸所需的主要特征点："交点"。

（2）打开"对象捕捉"。

四、标注尺寸

1. 标注不带偏差的尺寸

（1）依次单击"格式"、"标注样式"，打开"标注样式管理器"对话框。把名为"线性标注"的尺寸样式置为当前。

（2）依次单击"标注"、"线性"。

（3）依次捕捉所标尺寸线段的两个端点，分别标注图样中不带偏差的尺寸，如图 4.86所示。

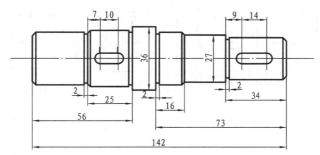

图 4.86　标注不带偏差的尺寸

（4）利用"特性"对话框中的"文字替代"，替换砂轮越程槽的尺寸及尺寸 36、27。其方法为：

①单击欲替换的尺寸，如图 4.87 所示。

②在绘图区域任意位置，单击右键。

③单击"特性（S）"，打开"特性"对话框，如图 4.88 所示。

④依次单击"文字"、"文字替代"。

⑤在"文字替代"右边的框内，输入欲替换的文本："2×1"。

⑥单击"特性"对话框右上角的 ✖ ，关闭"特性"对话框，回到绘图区域。尺寸文本由"2"，被替换为"2×1"。如图 4.89 所示。

⑦同理，替换砂轮越程槽其他尺寸。

⑧同理，把尺寸 36 替换为 $\phi36$。（被替换的文本输入："%％C36"）。

⑨同理，把尺寸 27 替换为 $\phi27$。（被替换的文本输入："%％C27"），如图 4.90 所示。

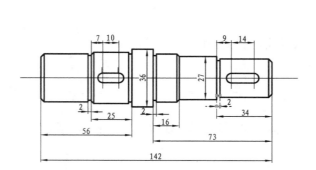

图 4.87　选取欲替换的尺寸

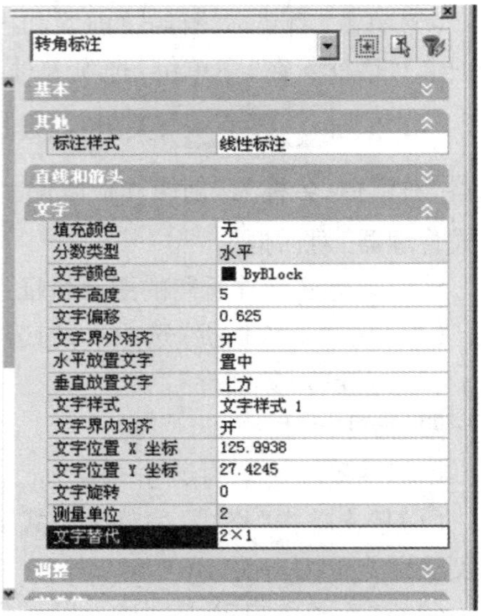

图 4.88　运用"文字替代",标注尺寸文本

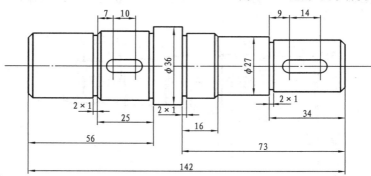

图 4.89　尺寸文本由"2",被替换为"2×1"

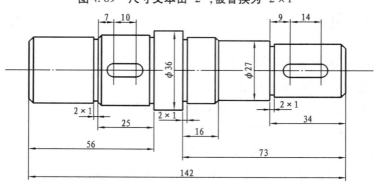

图 4.90　替换砂轮越程槽的尺寸和尺寸 36、27

2. 标注带对称偏差的尺寸

(1)依次单击"格式"、"标注样式",打开"标注样式管理器"对话框。把名为"对称公差"的尺寸样式置为当前。

（2）依次单击"标注"、"线性"。

（3）依次捕捉所标尺寸线段的两个端点，分别标注图样中带对称偏差的尺寸，如图4.91所示。

提示：

●如果各尺寸对称偏差的数字不一样，可利用"特性"对话框的"公差"选项，直接输入，其方法与后面标注带极限偏差的公差输入方法一样。

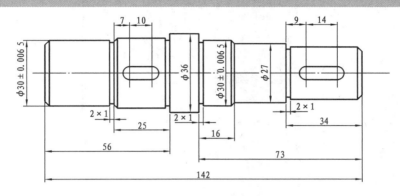

图4.91 标注图样中带对称偏差的尺寸

3. 标注带极限偏差的尺寸

（1）依次单击"格式"、"标注样式"，打开"标注样式管理器"对话框。把名为"极限偏差"的尺寸样式置为当前。

（2）依次单击"标注"、"线性"。

（3）依次捕捉所标尺寸线段的两个端点，分别标注图样中带极限偏差的尺寸，如图4.92所示。

（4）利用"特性"对话框中的"公差"选项，直接输入它们的上下偏差。其方法为：

①单击欲标注上下偏差的尺寸，如图4.93所示。

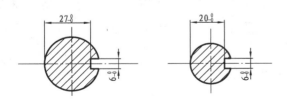

图4.92 标注图样中带极限偏差的尺寸

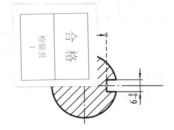

图4.93 选取欲标注上下偏差的尺寸

②在绘图区域任意位置，单击右键。

③单击"特性（S）"，打开"特性"对话框。

④单击"公差"选项。

⑤在"公差下偏差"右边的方框内，输入该尺寸的下偏差："0.02"。

⑥在"公差上偏差"右边的方框内，输入该尺寸的上偏差："0"，如图4.94所示。

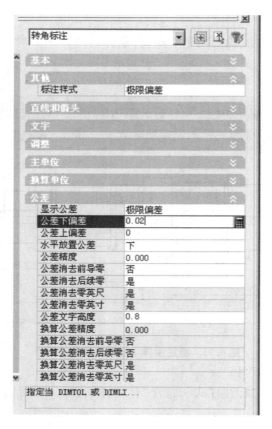

图 4.94　输入键槽尺寸 27 的上下偏差

提示：

● 偏差的正负。CAD 默认下偏差为负,上偏差为正。

● 如果下偏差为负或上偏差为正,直接输入偏差数字既可。

● 如果下偏差为正或上偏差为负,先输负号,再输入偏差数字。

⑦单击"特性"对话框右上角的 ✖ ,关闭"特性"对话框,回到绘图区域。键槽尺寸 27 的上下偏差标注完毕,如图 4.95 所示。

⑧同理,标注其他尺寸的上下偏差,如图 4.96 所示。

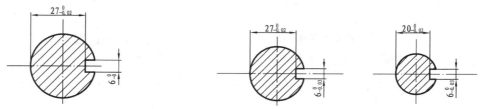

图 4.95　标注键槽尺寸 27 的上下偏差　　　　图 4.96　标注其他尺寸的上下偏差

4. 标注带前缀和极限偏差的尺寸

(1)依次单击"格式"、"标注样式",打开"标注样式管理器"对话框。把名为"前缀和极限偏差"的尺寸样式置为当前。

（2）依次单击"标注"、"线性"。

（3）依次捕捉所标尺寸线段的两个端点，分别标注图样中带前缀和极限偏差的尺寸。

（4）运用"特性"对话框中的"公差"选项，直接输入它们的上下偏差，如图4.97所示。

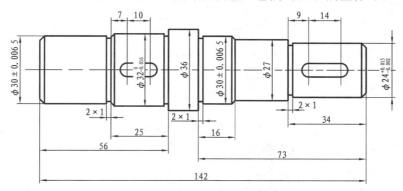

图4.97 标注带前缀和极限偏差的尺寸

5. 标注倒角尺寸

标注引线，书写倒角尺寸，移动倒角尺寸于合适处。

（1）依次单击"标注"、"引线"。

（2）在需标注倒角的地方标注引线，如图4.98所示。

（3）书写多行文字："$2 \times 45°$"，如图4.99所示。

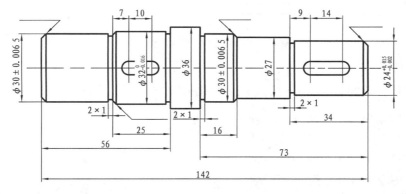

图4.98 标注引线

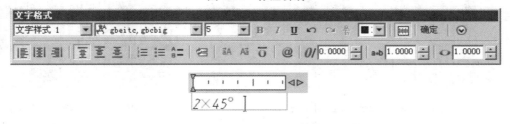

图4.99 书写多行文字："$2 \times 45°$"

（4）运用"复制"命令，把文本："$2 \times 45°$"复制倒角尺寸于合适处，如图4.100所示。

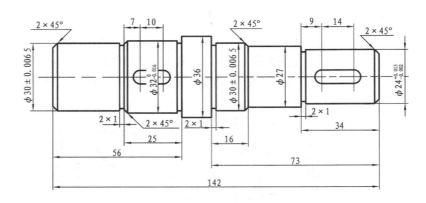

图 4.100　复制倒角尺寸于合适处

（5）根据图样要求，按修改文字的方法修改倒角尺寸，如图 4.101 所示。

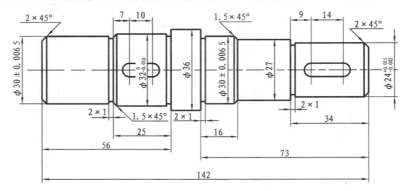

图 4.101　按图样，修改倒角尺寸

（6）标注形位公差

①绘制形位公差的基准符号：⌴Ⓐ、⌴Ⓑ，按图样要求，移到合适处。

②按标注倒角引线的方法，标注形位公差的引线。

③依次单击"标注"、"公差"，打开"形位公差"对话框，如图 4.102 所示。

④单击符号下面的黑框，打开"特征符号"对话框，如图 4.103 所示。

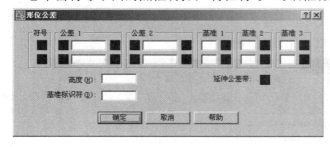

图 4.102　"形位公差"对话框

图 4.103　"特征符号"对话框

⑤单击欲标注的行位公差符号：⟋

⑥在"公差 1"下的方框内，输入公差值："0.02"。

⑦在"基准1"下的方框内,输入基准代号:"A"。

⑧在"基准2"下的方框内,输入基准代号:"B",如图4.104所示。

图4.104　输入形位公差

⑨单击 **确定** 。

⑩移动该形位公差于合适处,如图4.105所示。该形位公差标注完毕。

6. 标注粗糙度

(1)在绘图界面上,绘制粗糙度符号及数字:

(2)在键槽处标注引线,如图4.106所示。

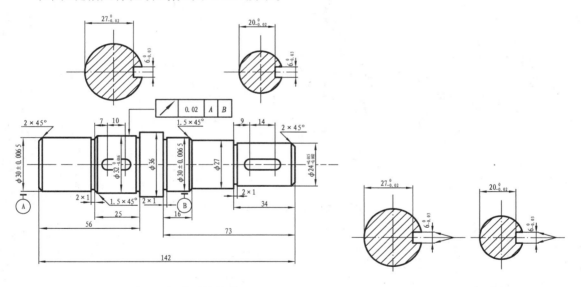

图4.105　标注形位公差　　　　**图4.106　在键槽处标注引线**

(3)根据图样,运用"复制"命令,把 复制到标注粗糙度的地方。

(4)根据图样,按修改文字的方法,修改粗糙度的数字,如图4.107所示。

7. 检查、修整标注,使标注符合《机械制图》的要求

检查,并运用修剪等命令使标注符合《机械制图》的要求,如图4.108所示。

8. 书写技术要求

运用书写"多行文字"的方法,按图样要求书写、编辑文字并移动文字至合适位置,如图4.109所示。

【自己动手4-4】　绘制图4.40的图样。

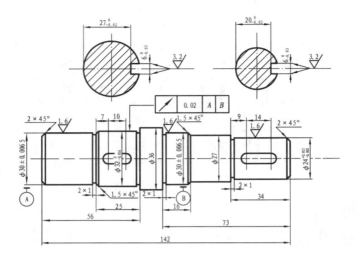

图 4.107　粗糙度的标注

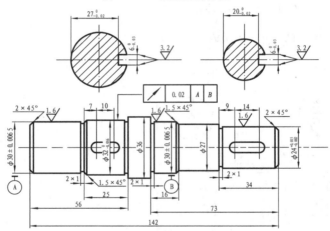

图 4.108　使标注符合《机械制图》的要求

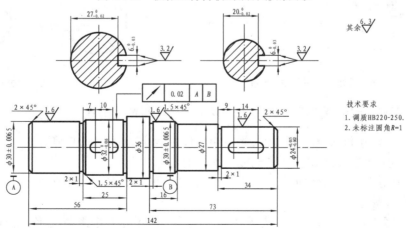

图 4.109　书写技术要求

任务三 盘类零件的绘制和标注

课题一 盘类零件的绘制

【实例4-6】 绘制图4.110所示的盘类零件。

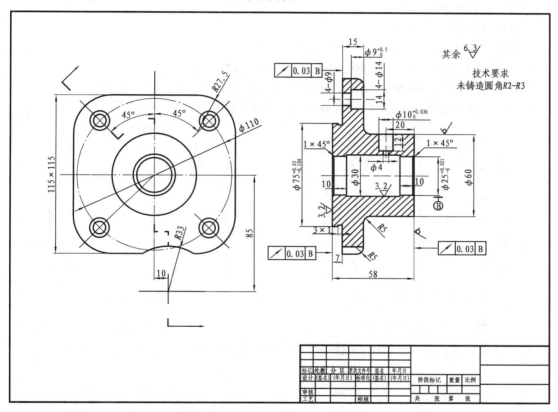

图4.110 盘类零件的图样

一、图样分析

1. 选择 A3 图纸,比例为 1:1。

2. 端盖的主视图表达零件的外形轮廓和孔的结构,左视图为轴线水平放置的剖视图。

3. 绘制主视图和左视图时,可充分运用偏移功能。

4. 左视图以孔的轴线为绘图基准,主视图以孔的中心为绘图基准。

二、绘制过程

1. 新建图形文件

请用户新建一个图形文件。

2. 设置图层

(1)设置宽度为默认的细实线层。

(2)设置宽度为 0.3 mm 的粗实线层。

(3)设置宽度为默认的点划线层。

（4）设置宽度为默认的尺寸线层。

（5）把细实线层置为当前层。

3. 选择图纸

选择 A3 幅面模板。

4. 绘制主视图

（1）绘制 115 × 115 的矩形。

（2）对矩形倒 R27.5 的圆角。

（3）绘制矩形的对称线。

（4）绘制 φ110 的圆。

（5）以圆心为起点，输入相对极坐标："@75 < 45"，绘制线段。

（6）以绘制的线段和 φ110 的圆的交点为圆心，绘制 φ14、φ9 的圆，如图 4.111 所示。

（7）以竖直中心线为对称轴，镜像 φ14、φ9 的圆及其中心线，如图 4.112 所示。

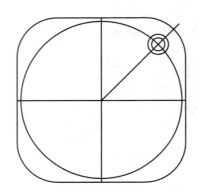

图 4.111　绘制主视图一

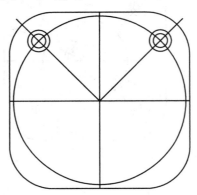

图 4.112　绘制主视图二

（8）以水平中心线为对称轴，镜像 φ14、φ9 的圆及其中心线，如图 4.113 所示。

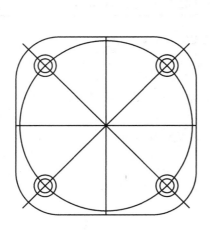

图 4.113　绘制主视图三

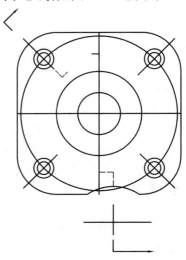

图 4.114　绘制主视图四

（9）绘制 φ60、φ25 的圆。

（10）运用"偏移"命令确定 R33 的圆心。

（11）绘制 R33 的圆。

（12）按图样要求修剪,并按《机械制图》要求调整中心线的长度。

（13）绘制剖切位置线,如图 4.114 所示。

5. 绘制左视图

（1）根据图样要求,绘制图 4.115 所示的图形。

（2）以轴线为对称轴,镜像刚绘制的几何图形,如图 4.116 所示。

（3）按图样和《机械制图》的要求,补画缺线,如图 4.117 所示。

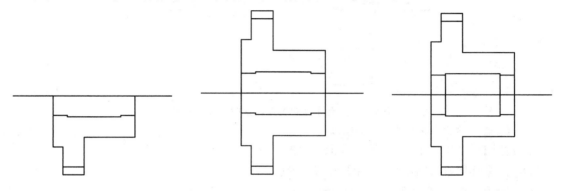

图 4.115　绘制对称部分　　　图 4.116　镜像几何图形　　　图 4.117　补画缺线

（4）按剖视图的要求,绘制左视图的上部分,如图 4.118 所示。先按图 4.118 所示,绘制辅助圆与辅助线并删除上部分不要的线段。

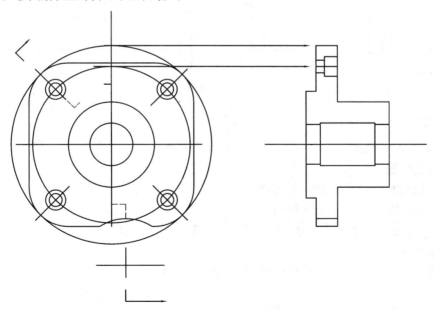

图 4.118　按剖视图的要求,绘制左视图的上部分

（5）删除辅助线并调整中心线的长度,如图 4.119 所示。

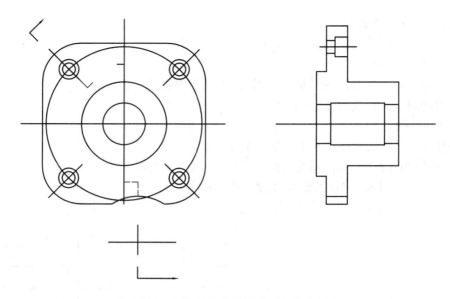

图 4.119 删除辅助线并调整中心线的长度

（6）绘制尺寸为 3×1 的几何图形。

（7）按图样要求，倒 R5 的圆角，如图 4.120 所示。

（8）按图样要求，绘制倒角，如图 4.121 所示。

（9）运用"偏移"等命令，绘制 φ10 的阶梯孔，如图 4.122 所示。

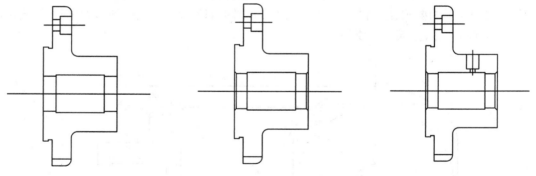

图 4.120　倒 R5 的角　　**图 4.121　绘制倒角**　　**图 4.122　绘制 φ10 的阶梯孔**

6. 绘制剖面线

（1）把欲绘制剖面线的图形，修剪成封闭的图形。

（2）填充剖面线，如图 4.123 所示。

（3）补画左视图的线段和主视图的倒角圆，如图 4.124 所示。

7. 检查图形

检查图形是否绘制完毕并插漏补缺、修正错误，确保无误。

8. 放入图层

把几何图形放入相应的图层，如图 4.125 所示。

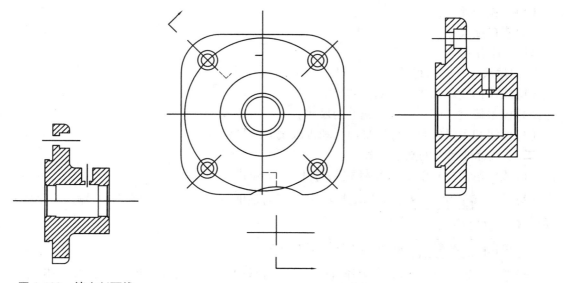

图 4.123　填充剖面线　　　　　　图 4.124　补齐线段和主视图的倒角圆

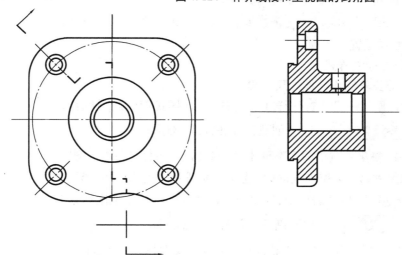

图 4.125　把几何图形放入相应的图层

课题二　盘类零件的尺寸标注

【实例 4-7】　标注图 4.110 所示的盘类零件的尺寸。

一、零件图样尺寸分析

打开所绘制的盘类零件图形。

1. 零件图样尺寸类型

（1）不带偏差的尺寸。

（2）带极限偏差的尺寸。

（3）带前缀和极限偏差的尺寸。

（4）倒角尺寸。

（5）形位公差。

（6）粗糙度尺寸。

另外，还有文字。

2. 创建尺寸样式的种类

（1）线性标注。标注不带偏差的尺寸。

（2）极限偏差。标注带极限偏差的尺寸。

（3）前缀和极限偏差。标注带前缀和极限偏差的尺寸

二、创建标注尺寸的文字样式

（1）依次单击"格式"、"文字样式"，打开"文字样式"对话框。

（2）单击 新建(N)... ，打开"新建文字样式"对话框，在"样式名"文本框中，输入文字样式名称："标注文字样式"。

（3）单击 确定 ，返回"文字样式"对话框。

（4）在"字体名"下拉列表中选择"gbeitc. shx"，选中"使用大字体"选项，在"大字体"下拉列表中选择"gbebig. shx"，参见图4.60所示。

（5）依次单击 应用(A) 、 关闭(C) 按钮，关闭"文字样式"对话框。

（6）把尺寸线层置为当前层。

三、建立尺寸标注样式

1. 创建不带公差的线性标注尺寸样式

（1）依次单击"格式"、"标注样式"，打开"标注样式管理器"对话框。

（2）单击 新建(N)... ，打开"创建新标注样式"对话框。

（3）在 新样式名(N): 右边的文本框中，输入新样式名称："线性标注"。

（4）在 基础样式(S): 下拉列表框中，选择一种基础样式："ISO－25"。

（5）在 用于(U): 下拉列表框中，设定新建标注样式的适用范围："所有标注"。

（6）单击 继续 ，打开"新建标注样式"对话框。

（7）设置"直线"选项。单击"新建标注样式:线性标注"对话框中的 直线 选项卡。打开"直线"选项卡对话框。按图4.64所示，设置各选项。

（8）设置"符号与箭头"选项。单击"新建标注样式:线性标注"对话框中的 符号和箭头 选项卡。打开"符号和箭头"选项卡对话框。按图4.65所示，设置各选项。

（9）设置"文字"选项。单击"新建标注样式:线性标注"对话框中 文字 选项卡。打开"文字"选项卡对话框。

①单击"文字样式(T)"右边的 ... ，打开"文字样式"对话框，选择刚新建的文字样式："标注文字样式"。单击 关闭(C) ，关闭"文字样式"对话框，回到"创建新标注样式:线性标注"对话框。

②单击"文字样式(T)"下拉列表框中的下拉箭头，选取"标注文字样式"。

③在"文字高度(T)"文本框中，输入标注文字的高度："7"。

④"文字位置"选项,"垂直"位置,选取"上方";"水平"位置,选取"置中"。

⑤"文字对齐"选项,选取"与尺寸线对齐"单选按钮。

⑥"文字"选项卡的其他内容,按图4.66所示设置。

(10)设置"调整"。单击"新建标注样式:线性标注"对话框中 调整 选项卡。打开"调整"选项卡对话框。按图4.73所示,设置各选项。

(11)设置"主单位"选项。单击"新建标注样式:线性标注"对话框中 主单位 选项卡。打开"主单位"选项卡对话框。按图4.74所示,设置各选项。

(12)设置"换算单位"选项。单击"新建标注样式:线性标注"对话框中 换算单位 选项卡。打开"换算单位"选项卡对话框,不要勾选"显示换算单位"。

(13)单击 确定 按钮,关闭"新建标注样式:线性标注"对话框,回到"标注样式管理器"对话框,名为"线性标注"的尺寸样式创建完毕。

2. 创建带极限偏差的尺寸标注样式

(1)单击 新建(N)... ,打开"创建新标注样式"对话框。

(2)在 新样式名(N): 右边的文本框中,输入新样式名称:"极限偏差"。

(3)在 基础样式(S): 下拉列表框中,选择基础样式:"线性标注"。

(4)在 用于(U): 下拉列表框中,设定新建标注样式的适用范围:"所有标注"。

(6)单击 继续 ,打开"新建标注样式:极限偏差"对话框。

(7)单击"新建标注样式:极限偏差"对话框中的"主单位"选项卡。打开"主单位"选项卡对话框。在"主单位"选项卡对话框中,设置前缀:"%%C"。

(8)单击"新建标注样式:极限偏差"对话框中的"公差"选项卡,打开"公差"选项卡对话框。按图4.84所示,设置各选项。

(9)单击 确定 ,关闭"新建标注样式:极限偏差"对话框,回到"标注样式管理器"对话框,名为"极限偏差"的尺寸样式创建完毕。

3. 创建带前缀和极限偏差的尺寸标注样式

(1)在"标注样式管理器"对话框中,单击 新建(N)... ,打开"创建新标注样式"对话框。

(2)在 新样式名(N): 右边的文本框中,输入新样式名称:"前缀和极限偏差"。

(3)在 基础样式(S): 下拉列表框中,选择基础样式:"极限偏差"。

(4)在 用于(U): 下拉列表框中,设定新建标注样式的适用范围:"所有标注"。

(5)单击 继续 ,打开"新建标注样式:前缀和极限偏差"对话框。

(6)单击"新建标注样式:前缀和极限偏差"对话框中的"主单位"选项卡。打开"主单位"选项卡对话框。在"主单位"选项卡对话框中,设置前缀:"%%C"。

(7)单击 确定 ,关闭"新建标注样式:前缀和极限偏差"对话框,回到"标注样式管理器"对话框,名称为"前缀和极限偏差"的尺寸样式创建完毕。单击 关闭(C) 按钮,关闭"标注样式管理器"对话框。

4. 勾选标注尺寸所需的主要特征点

（1）单击"对象捕捉"选项卡，勾选标注尺寸所需的主要特征点："交点"。

（2）打开"对象捕捉"。

四、标注尺寸

1. 标注不带偏差的尺寸

（1）依次单击"格式"、"标注样式"，打开"标注样式管理器"对话框。把名称为"线性标注"的尺寸样式置为当前。

（2）依次单击"标注"、"线性"。

（3）依次捕捉所标尺寸线段的两个端点，分别标注图样中不带偏差的尺寸，如图 4.126 所示。

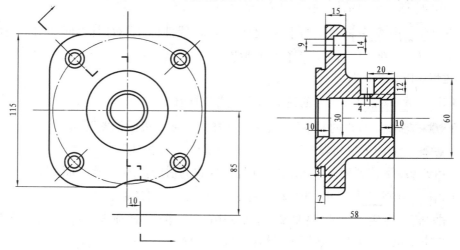

图 4.126 标注不带偏差的尺寸

（4）依次单击"标注"、"角度"。

（5）依次单击所标角度的两条线段，分别标注图样中的角度尺寸，如图 4.127 所示。

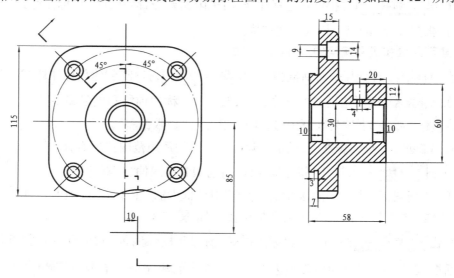

图 4.127 标注图样中的角度尺寸

（6）依次单击"标注"、"直径"。

（7）单击所标直径的圆弧，标注图样中的直径尺寸，如图4.128所示。

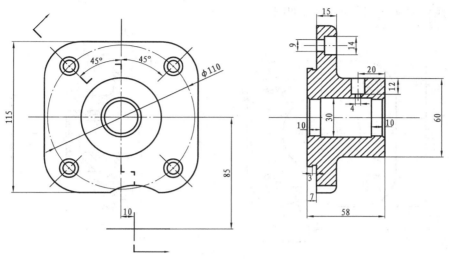

图4.128　标注图样中的直径尺寸

（8）依次单击"标注"、"半径"。

（9）单击所标半径的圆弧，分别标注图样中的半径尺寸，如图4.129所示。

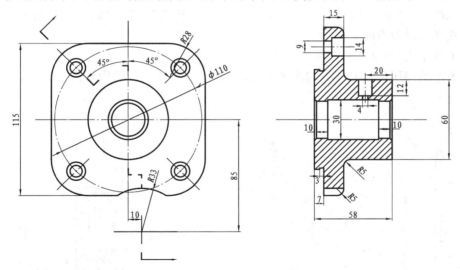

图4.129　标注图样中的半径尺寸

（10）利用"特性"对话框中的"文字替代"，替换如下尺寸：

①替换尺寸文本"$R28$"为"$R27.5$"。

②替换尺寸文本"115"为"115×115"。

③替换尺寸文本"3"为"3×1"。

④替换尺寸文本"9"为"$4 - \phi 9$"。

⑤替换尺寸文本"14"为"$4 - \phi 14$"。

⑥替换尺寸文本"60"为"φ60"。

⑦替换尺寸文本"30"为"φ30"。

⑧替换尺寸文本"4"为"φ4",如图4.130所示。

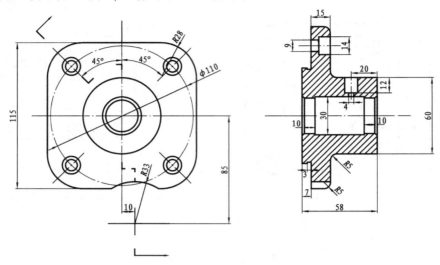

图4.130　替换尺寸

2. 标注极限偏差的尺寸

（1）依次单击"格式"、"标注样式",打开"标注样式管理器"对话框。把名称为"极限偏差"的尺寸样式置为当前。

（2）依次单击"标注"、"线性"。

（3）依次捕捉所标尺寸线段的两个端点,分别标注图样中带极限偏差的尺寸,如图4.131所示。

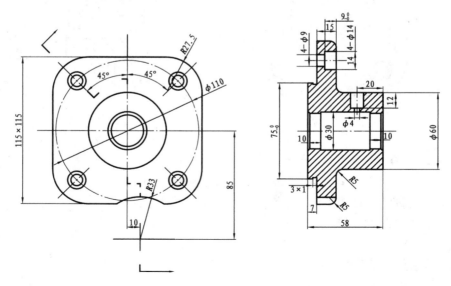

图4.131　标注带极限偏差的尺寸

（4）利用"特性"对话框中的"公差"选项，直接输入它们的上下偏差。其方法为：

①单击欲标注上下偏差的尺寸：75_{-0}^{0}。

②在绘图区域任意位置，单击右键。

③单击"特性（S）"，打开"特性"对话框。

④单击"公差"选项。

⑤在"公差下偏差"右边的方框内，输入该尺寸的下偏差："0.104"。

⑥在"公差上偏差"右边的方框内，输入该尺寸的上偏差："0.03"。

⑦单击"特性"对话框右上角 ❎，关闭"特性"对话框，回到绘图区域。键槽尺寸 27 的上下偏差标注完毕。

⑧同理，标注其他尺寸的上下偏差，如图 4.132 所示。

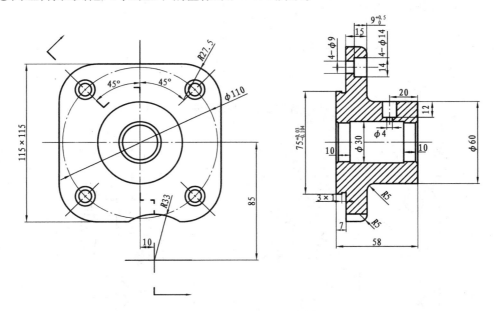

图 4.132　替换极限偏差的上、下偏差

3. 标注带前缀和极限偏差的尺寸

（1）依次单击"格式"、"标注样式"，打开"标注样式管理器"对话框，把名称为"前缀和极限偏差"的尺寸样式置为当前。

（2）依次单击"标注"、"线性"。

（3）依次捕捉所标尺寸线段的两个端点，分别标注图样中带前缀和极限偏差的尺寸。

（4）运用"特性"对话框中的"公差"选项，直接输入它们的上下偏差，如图 4.133 所示。

4. 标注倒角尺寸

标注引线，书写倒角尺寸，移动倒角尺寸于合适处。

（1）依次单击"标注"、"引线"。

（2）在需标注倒角的地方，标注引线。

（3）书写多行文字："$1 \times 45°$"。

（4）运用"复制"命令，把文本："$1 \times 45°$"复制到合适处，如图 4.134 所示。

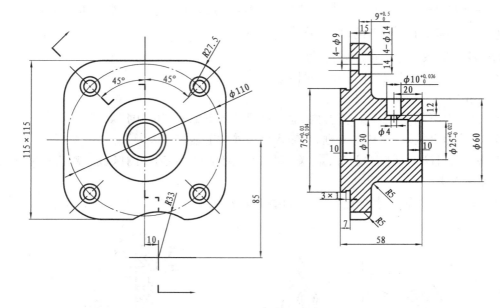

图 4.133　标注带前缀和极限偏差的尺寸

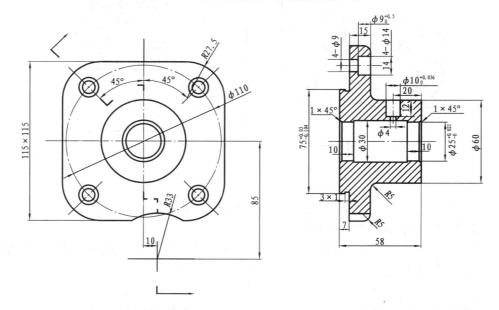

图 4.134　标注倒角尺寸

5. 标注形位公差

（1）根据图样，在标注形位公差之处各绘制一条直线。

（2）绘制形位公差的基准。

（3）标注形位公差的引线。

（4）标注形位公差。

（5）移动形位公差于合适处，如图 4.135 所示。形位公差标注完毕。

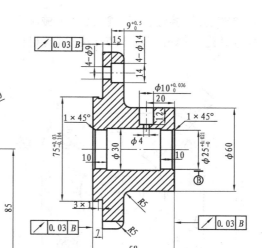

图 4.135　行位公差

6. 标注粗糙度

（1）在绘图界面上，绘制粗糙度符号及数字：$\overset{3.2}{\bigtriangledown}$、$\bigvee$。

（2）运用"旋转"命令，旋转 $\overset{3.2}{\bigtriangledown}$、$\bigvee$ 为 $\overset{3.2}{\triangleright}$、$\triangleright$。

（3）根据图样，运用"复制"命令，把粗糙度复制到标注粗糙度的地方。

（4）根据图样要求，按修改文字的方法修改粗糙度数字，如图 4.136 所示。

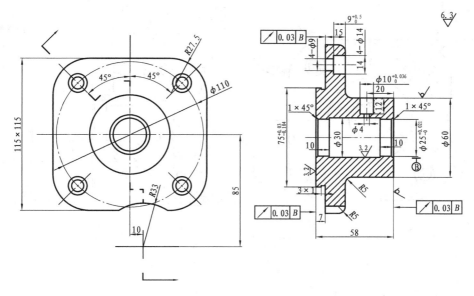

图 4.136　标注粗糙度

131

7. 检查、修整标注,使标注符合《机械制图》的要求

检查并运用修剪等命令使标注符合《机械制图》的要求,如图 4.137 所示。

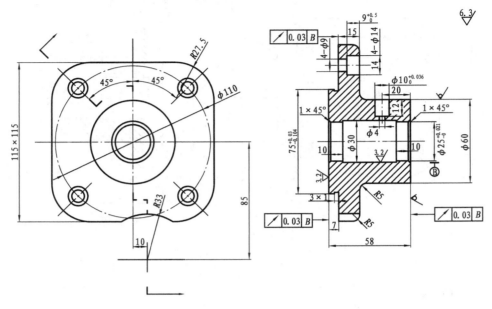

图 4.137　使标注符合《机械制图》的要求

8. 书写技术的要求

运用书写多行文字的方法,按图样要求书写、编辑文字,移动文字至合适位置,如图 4.138 所示。

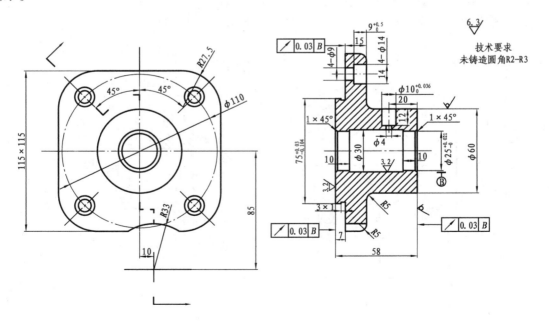

图 4.138　书写技术要求

【自己动手 4-4】　绘制图 4.110 的图样

任务四　叉架类零件的绘制和标注

课题一　叉架类零件的绘制

【实例4-8】　绘制图4.139所示的叉架类零件。

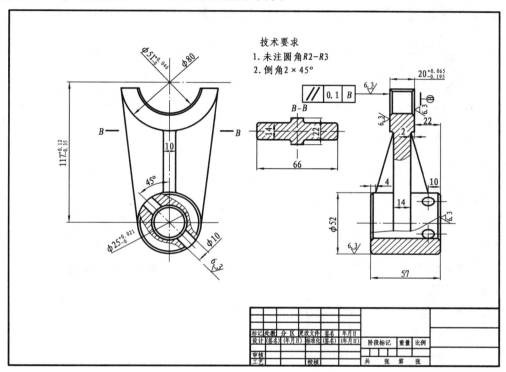

图4.139　叉架类零件图样

一、图样分析

1. 选择 A3 图纸,比例为 1:1。

2. 主视图表达外形结构,左视图表达零件前后的相对位置和形状。

3. 零件上端为半圆板,下端为管状结构,圆管侧壁有一通孔,可采用局部剖视图。

4. 平板和肋板的截面形状用断面图表达。

5. 主视图的对称面为尺寸基准,左视图以上端半圆板的前端面为尺寸基准。

二、绘制过程

1. 新建图形文件

请用户新建一个图形文件。

2. 设置图层

(1) 设置宽度为默认的细实线层。

(2) 设置宽度为 0.3 mm 的粗实线层。

(3) 设置宽度为默认的点划线层。

（4）设置宽度为默认的尺寸线层。

（5）把细实线层置为当前层。

3. 选择图纸

选择 A3 幅面模板。

4. 绘制主视图

（1）根据图样要求，绘制如图 4.140 所示的主视图。

（2）依次单击"绘图"、"样条曲线"，绘制主视图局部剖视图的波浪线，如图 4.141 所示。

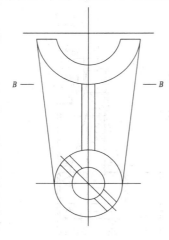

图 4.140　绘制主视图

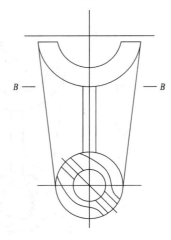

图 4.141　绘制样条曲线

5. 绘制左视图

根据图样要求，绘制如图 4.142 所示的左视图。

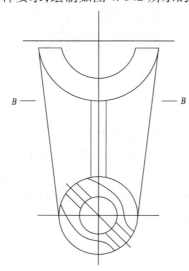

图 4.142　绘制左视图

6. 绘制断面图

根据图样要求，绘制断面图，如图 4.143 所示。

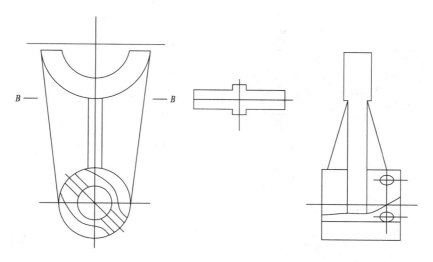

图 4.143　绘制断面图

7. 绘制倒角、倒圆

(1)根据图样要求,绘制左视图的倒角。

①左视图最上面的线向内偏移 2 mm。

②打断上面孔部分前、后两端的线。

③根据图样要求,依次倒角,如图 4.144 所示。

④补画倒角后的线段,如图 4.145 所示。

(2)根据图样要求,绘制左视图的倒圆,如图 4.146 所示。

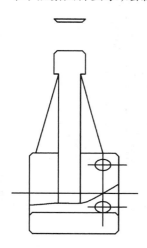

图 4.144　绘制左视图的倒角　　　图 4.145　补画倒角后的线段

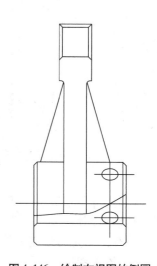

图 4.146　绘制左视图的倒圆

(3)根据图样,绘制主视图及断面图的倒圆。

(4)绘制主视图的倒角圆,并按图样修剪,如图 4.147 所示。

8. 绘制剖面线

(1)把欲绘制剖面线的图形,修剪成封闭的图形。

(2)填充剖面线。

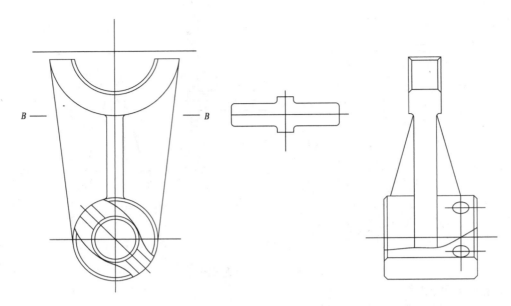

图 4.147　绘制主视图及端面图的倒圆,绘制主视图的倒角圆

(3)补画视图的线段,如图 4.148 所示。

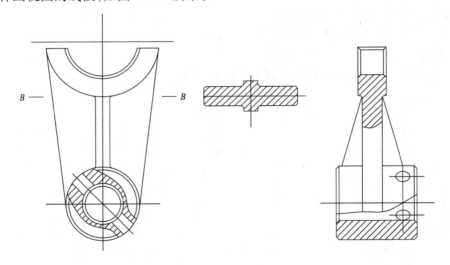

图 4.148　绘制剖面线

9. 检查图形

检查图形是否绘制完毕,并插漏补缺、修正错误,确保无误。

10. 放入图层

把几何图形放入相应的图层,如图 4.149 所示。

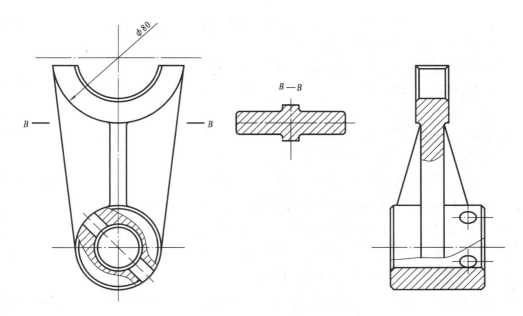

图 4.149　把几何图形放入相应的图层

课题二　叉架类零件的尺寸标注

【实例 4-9】　标注图 4.139 所示的叉架类零件的尺寸。

一、零件图样尺寸分析

打开所绘制的叉架类零件图形。

1. 零件图样尺寸类型

(1)不带偏差的尺寸。

(2)带极限偏差的尺寸。

(3)带前缀和极限偏差的尺寸。

(4)倒角尺寸。

(5)形位公差。

(6)粗糙度尺寸。

另外,还有文字。

2. 创建尺寸样式的种类

(1)线性标注。标注不带偏差的尺寸。

(2)极限偏差。标注带极限偏差的尺寸。

(3)前缀和极限偏差。标注带前缀和极限偏差的尺寸。

二、创建标注尺寸的文字样式

1. 依次单击"格式"、"文字样式",打开"文字样式"对话框。

2. 单击 新建 (N)... ,打开"新建文字样式"对话框,在"样式名"文本框中,输入文字样式名称:"标注文字样式"。

3. 单击 确定 ,返回"文字样式"对话框。

4. 在"字体名"下拉列表中选择"gbeitc. shx",选中"使用大字体"选项,在"大字体"下拉列表中选择"gbebig. shx",参见图4.60所示。

5. 依次单击 应用(A) 、 关闭(C) ,关闭"文字样式"对话框。

6. 把尺寸线层置为当前层。

三、建立尺寸标注样式

1. 创建不带公差的线性标注尺寸样式

(1)依次单击"格式"、"标注样式",打开"标注样式管理器"对话框。

(2)单击 新建(N)... ,打开"创建新标注样式"对话框。

(3)在 新样式名(N): 右边的文本框中,输入新样式名称:"线性标注"。

(4)在 基础样式(S): 下拉列表框中,选择一种基础样式:"ISO-25"。

(5)在 用于(U): 下拉列表框中,设定新建标注样式的适用范围:"所有标注"。

(6)单击 继续 ,打开"新建标注样式:线性标注"对话框。

(7)设置"直线"选项。单击"新建标注样式:线性标注"对话框中的 直线 选项卡,打开"直线"选项卡对话框。按图4.64所示,设置各选项。

(8)设置"符号与箭头"选项。单击"新建标注样式:线性标注"对话框中的 符号和箭头 选项卡,打开"符号和箭头"选项卡对话框。按图4.65所示,设置各选项。

(9)设置"文字"选项。单击"新建标注样式:线性标注"对话框中 文字 选项卡。打开"文字"选项卡对话框。

①单击"文字样式(T)"右边的 ... ,打开"文字样式"对话框,选择刚新建的文字样式:"标注文字样式"。单击 关闭(C) ,关闭"文字样式"对话框,回到"创建新标注样式:线性标注"对话框。

②单击"文字样式(T)"下拉列表框中的下拉箭头,选取"标注文字样式"。

③在"文字高度(T)"文本框中,输入标注文字的高度:"7"。

④"文字位置"选项,"垂直"位置,选取"上方";"水平"位置,选取"置中"。

⑤"文字对齐"选项,选取"与尺寸线对齐"单选按钮。

⑥"文字"选项卡的其他内容,按图4.66所示设置。

(10)设置"调整"选项。单击"新建标注样式:线性标注"对话框中 调整 选项卡。打开"调整"选项卡对话框。按图4.73所示,设置各选项。

(11)设置"主单位"选项。单击"新建标注样式:线性标注"对话框中 主单位 选项卡,打开"主单位"选项卡对话框。按图4.74所示,设置各选项。

(12)设置"换算单位"。单击"新建标注样式:线性标注"对话框中 换算单位 选项卡,打开"换算单位"选项卡对话框,不要勾选"显示换算单位"。

(13)单击 确定 ,关闭"新建标注样式:线性标注"对话框,回到"标注样式管理器"对话框,名为"线性标注"的尺寸样式创建完毕。

2. 创建带极限偏差的尺寸标注样式

（1）单击 新建(N)... ，打开"创建新标注样式"对话框。

（2）在 新样式名(N)： 右边的文本框中，输入新样式名称："极限偏差"。

（3）在 基础样式(S)： 下拉列表框中，选择基础样式："线性标注"。

（4）在 用于(U)： 下拉列表框中，设定新建标注样式的适用范围："所有标注"。

（5）单击 继续 ，打开"新建标注样式：极限偏差"对话框。

（6）单击"新建标注样式：极限偏差"对话框中的"主单位"选项卡。打开"主单位"选项卡对话框。在"主单位"选项卡对话框中，设置前缀："%%C"。

（7）单击"新建标注样式：极限偏差"对话框中的"公差"选项卡。打开"公差"选项卡对话框，设置各选项。

（8）单击 确定 ，关闭"新建标注样式：极限偏差"对话框，回到"标注样式管理器"对话框，名为"极限偏差"的尺寸样式创建完毕。

3. 创建带前缀和极限偏差的尺寸标注样式

（1）在"标注样式管理器"对话框中，单击 新建(N)... ，打开"创建新标注样式"对话框。

（2）在 新样式名(N)： 右边的文本框中，输入新样式名称："前缀和极限偏差"。

（3）在 基础样式(S)： 下拉列表框中，选择基础样式："极限偏差"。

（4）在 用于(U)： 下拉列表框中，设定新建标注样式的适用范围："所有标注"。

（5）单击 继续 ，打开"新建标注样式：前缀和极限偏差"对话框。

（6）单击"新建标注样式：前缀和极限偏差"对话框中的"主单位"选项卡，打开"主单位"选项卡对话框。在"主单位"选项卡对话框中，设置前缀："%%C"。

（7）单击 确定 ，关闭"新建标注样式：前缀和极限偏差"对话框，回到"标注样式管理器"对话框，名称为"前缀和极限偏差"的尺寸样式创建完毕。单击 关闭(C) 按钮，关闭"标注样式管理器"对话框。

4. 勾选标注尺寸所需的主要特征点

（1）单击"对象捕捉"选项卡，勾选标注尺寸所需的主要特征点："交点"。

（2）打开"对象捕捉"。

四、标注尺寸

1. 标注不带偏差的尺寸

（1）依次单击"格式"、"标注样式"，打开"标注样式管理器"对话框。把名称为"线性标注"的尺寸样式置为当前。

（2）依次单击"标注"、"线性"。

（3）依次捕捉所标尺寸线段的两个端点，分别标注图样中不带偏差的尺寸。

（4）依次单击"标注"、"角度"。

（5）依次单击所标角度的两条线段，分别标注图样中的角度尺寸。

（6）依次单击"标注"、"直径"。

（7）单击所标直径的圆弧,标注图样中的直径尺寸。

（8）利用"特性"对话框中的"文字替代",替换如下尺寸:

①替换尺寸文本"52"为"φ52"。

②替换尺寸文本"10"为"φ10",如图 4.150 所示。

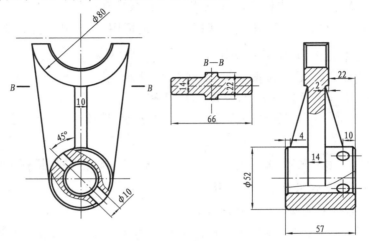

图 4.150　创建不带公差的线性标注尺寸样式

2. 标注极限偏差的尺寸

（1）依次单击"格式"、"标注样式",打开"标注样式管理器"对话框,把名称为"极限偏差"的尺寸样式置为当前。

（2）依次单击"标注"、"线性"。

（3）依次捕捉所标尺寸线段的两个端点,分别标注图样中带极限偏差的尺寸。

（4）利用"特性"对话框中的"公差"选项,直接输入它们的上下偏差,如图 4.151 所示。

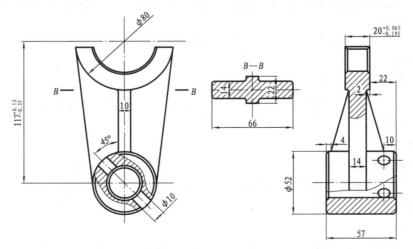

图 4.151　标注极限偏差的尺寸

3. 标注带前缀和极限偏差的尺寸

（1）依次单击"格式"、"标注样式",打开"标注样式管理器"对话框,把名称为"前缀和极限偏差"的尺寸样式置为当前。

(2)依次单击"标注"、"直径"。

(3)依次捕捉所标直径的圆,分别标注图样中带前缀和极限偏差的尺寸。

(4)运用"特性"对话框中的"公差"选项,直接输入它们的上下偏差,如图 4.152 所示。

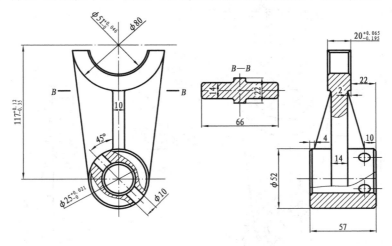

图 4.152　标注带前缀和极限偏差的尺寸

4. 标注形位公差

(1)绘制形位公差的基准符号,按图样要求移到合适处。

(2)标注形位公差的引线。

(3)标注形位公差。

(4)移动形位公差于合适处,如图 4.153 所示,形位公差标注完毕。

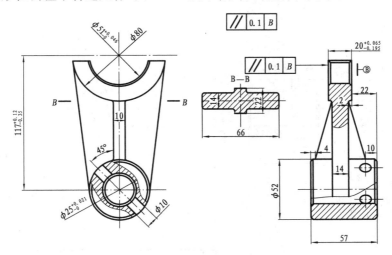

图 4.153　标注形位公差

5. 标注粗糙度

(1)在绘图界面上,绘制粗糙度符号及数字。

(2)按图样要求运用"复制"命令,把粗糙度复制到标注粗糙度的地方。

（3）按图样要求,修改粗糙度数字。

6. 检查、修整标注,使标注符合《机械制图》的要求

检查并运用修剪等命令,使标注符合《机械制图》的要求。

7. 书写技术的要求

运用书写多行文字的方法,按图样要求书写、编辑文字,移动文字至合适位置,如图 4.154 所示。

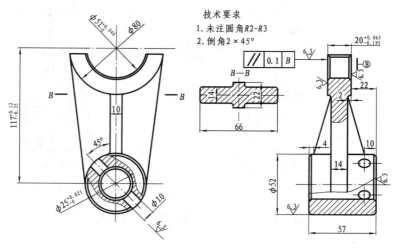

图 4.154　书写技术要求

【自己动手 4-5】　绘制图 4.139 所示的图样。

【自己动手 4-6】　绘制图 4.140 所示的图形。

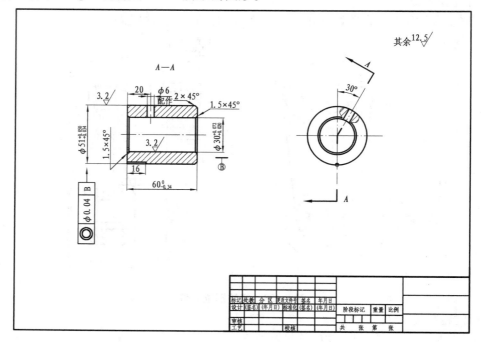

图 4.155　【自己动手 4-6】的图形

【自己动手 4-7】　绘制图 4.156 所示的图形。

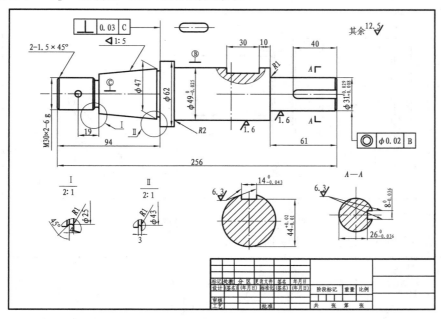

图 4.156　【自己动手 4-7】的图形

【自己动手 4-8】　绘制图 4.157 所示的图形。

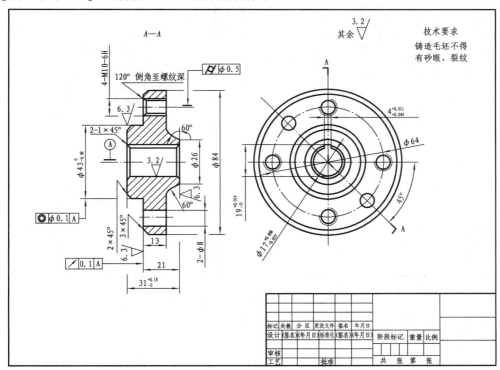

图 4.157　【自己动手 4-8】的图形

【自己动手 4-9】 绘制图 4.158 所示的图形。

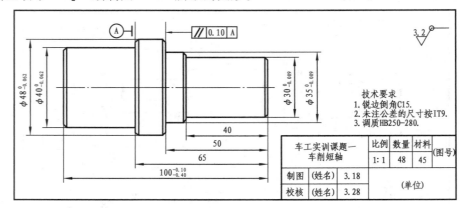

图 4.158 【自己动手 4-9】的图形

【自己动手 4-10】 绘制图 4.159 所示的图形。

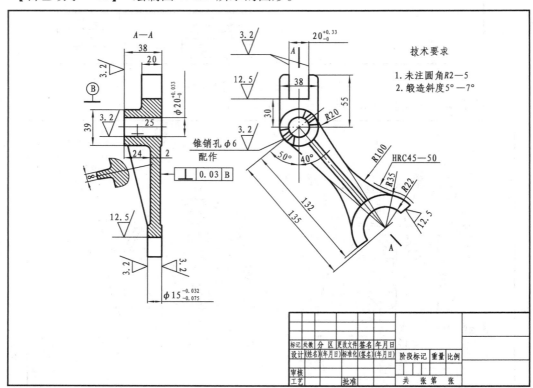

图 4.159 【自己动手 4-10】的图形

【自己动手 4-11】 绘制图 4.160 所示的图形。

【自己动手 4-12】 绘制图 4.161 所示的图形。

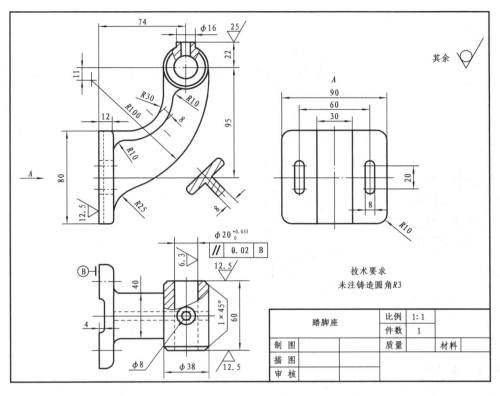

图 4.160 【自己动手 4-11】的图形

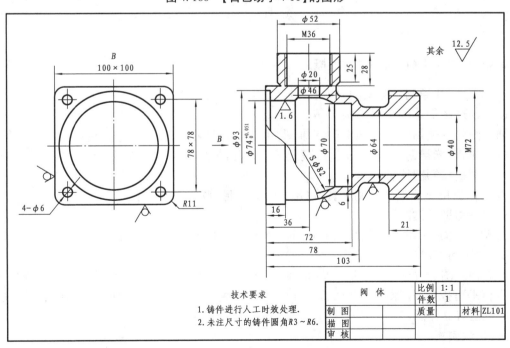

图 4.161 【自己动手 4-12】的图形

项目五 轴测图的画法

项目内容

1. 轴测图概述
2. 绘制轴测图的方法
3. 在轴测图中书写文字
4. 标注轴测图的尺寸

项目目标

1. 能绘制轴测图
2. 能书写轴测图的文字
3. 能标注轴测图的尺寸

项目实施过程

任务一 绘制简单的轴测图

课题一 AutoCAD 绘制轴测图概述

一、AutoCAD 绘制轴测图的必要性

1. 容易理解形体的空间结构

轴测图是反映物体三维图形的二维图,可以有效地在二维平面上表现物体的三维结构。它富有立体感,能帮助我们更快、更清楚地认识产品的结构,更加容易理解形体的空间结构。

2. 绘制机械制图的轴测图

CAD 作为机械制图的绘图工具,可用来绘制机械制图的轴测图。

3. 轴测图是二维图

轴测图从本质上讲是二维图,与 CAD 的三维模型是有区别的。它简单、易学、易懂、易掌握。

二、轴测图的形成

形成轴测图的方法,如图 5.1 所示。假设物体放置于空间直角坐标系 XYZ 中,按投影方向 P 进行平行投影,注意要使 P 的方向不平行于任何一个坐标平面,如此,绘制的投影视图,看起来就富有立体感。

三、轴测模式

1. 轴测平面

如图 5.2 所示,长方体的轴测投影中只有 3 个平面是可见的,这 3 个面叫轴测平面,轴测

平面是画线、找点等操作的基准平面。

2. 轴测平面的名称及其切换

根据其位置不同,3 个轴测平面在 AutoCAD 分别叫"等轴测平面右"、"等轴测平面上"、"等轴测平面左"。当激活了轴测模式后,按"F5"键,就可在这 3 个面间进行切换,同时,Auto-CAD 会自动改变十字光标及栅格的形状,使它们看起来好像处于当前的轴测面内。

3. 轴测轴及其角度

在图 5.2 所示的轴测图中,长方体的可见边与水平线的夹角分别是 30°、90°、150°,这就在轴测图中建立了一个假想的坐标系,该坐标系的坐标轴叫轴测轴,它们所处的位置如下:

(1)X 轴与水平位置的夹角为 30°。

(2)Y 轴与水平位置的夹角为 150°。

(3)Z 轴与水平位置的夹角为 90°。

当进入轴测模式后,十字光标将始终与当前轴测面的轴测轴方向一致。

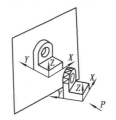

图 5.1　轴测图的形成

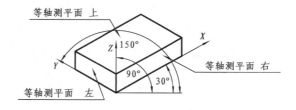

图 5.2　轴测模式

四、激活轴测投影模式

1. 选取"等轴测捕捉"

(1)依次单击"工具"、"草图设置",打开"草图设置"对话框。

(2)单击"草图设置"对话框的"捕捉与栅格"选项卡,出现如图 5.3 所示的内容。

(3)在"捕捉类型与样式"区域中,选取"等轴测捕捉",激活轴测投影模式,如图 5.4 所示。

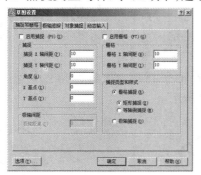

图 5.3　"捕捉与栅格"选项卡

图 5.4　选取"等轴测捕捉"

(4)单击 确定 ,退出"草图设置"对话框,回到绘图界面。

2. 切换轴测平面

按"F5"键,可在三个轴测平面:"等轴测平面　右"、"等轴测平面　上"、"等轴测平面左"间切换。如图 5.5 所示。

等轴测平面　右　　　　　　　等轴测平面　左　　　　　　　等轴测平面　上

图 5.5　按"F5"键,切换不同的轴测平面

提示:

● 按"F5"键,切换三个轴测平面时,请在命令行看具体切换到哪个轴测平面。

● 在轴测模式下,捕捉和栅格的间距由"Y 轴间距"控制,"X 轴间距"变为灰色而不能用。

【自己动手 5-1】　激活轴测投影模式,并在三个轴测平面间切换

课题二　输入点的极坐标,绘制轴测图

【实例 5-1】　输入点的极坐标,绘制图 5.6

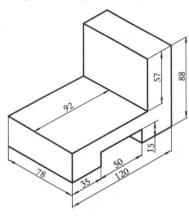

图 5.6　【实例 5-1】的图形

一、轴测模式下,极坐标的角度

如图 5.7 所示,轴测模式下,极坐标的角度有以下三种情况。

1. 所画直线与 X 轴平行

所画直线与 X 轴平行,极坐标角度应输入 30°或 −150°,如图 5.7(a)所示。

2. 所画直线与 Y 轴平行

所画直线与 Y 轴平行时,极坐标角度应输入 150°或 −30°,如图 5.7(b)所示。

3. 所画直线与 Z 轴平行

所画直线与 Z 轴平行时,极坐标角度应输入 90°或 −90°,如图 5.7(c)所示。

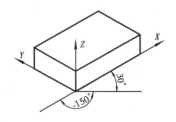

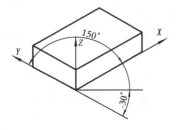

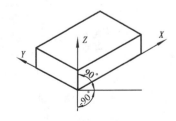

（a）与 X 轴平行的线与横线的夹角　　　（b）与 Y 轴平行的线与横线的夹角　　　（c）与 Z 轴平行的线与横线的夹角

图 5.7　轴测模式下,极坐标的角度

二、输入点的极坐标绘制【实例5-1】的图形

1. 建立新文件,设置图形界限

新建一个图形文件,并设置图形界限。

2. 设置两个图层

(1)设置宽度为默认的细实线层。

(2)设置宽度为0.3 mm的粗实线层。

(3)把细实线层设为当前层。

3. 激活轴测投影模式

(1)依次单击"工具"、"草图设置",打开"草图设置"对话框。

(2)单击"捕捉与栅格"选项卡,选取"等轴测捕捉",激活轴测投影模式。

(3)打开"对象捕捉"工具栏。

(4)打开"草图设置"对话框的"对象捕捉"选项卡,勾选绘制该图形的主要特征点:"端点"。

(5)打开"对象捕捉"。

4. 绘制几何图形 *ABCDEFGHIJ*(参见图5.18)

(1)按"F5"键,切换到"等轴测平面　右"。

(2)依次单击"绘图"、"直线"。选取一点作为起点*A*,单击左键,确定点*A*,如图5.8所示。

(3)输入坐标:"@35 < 30",单击左键,绘制线段*AB*,如图5.9所示。

(4)输入坐标:"@15 < 90",单击左键,绘制线段*BC*,如图5.10所示。

(5)输入坐标:"@50 < 30",单击左键,绘制线段*CD*,如图5.11所示。

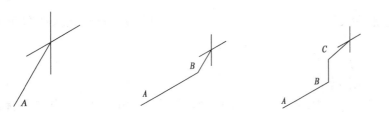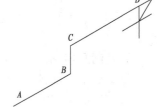

图5.8　确定点*A*　　　图5.9　绘制线段*AB*　　　图5.10　绘制线段*BC*　　　图5.11　绘制线段*CD*

(6)输入坐标:"@15 < -90",单击左键,绘制线段*DE*,如图5.12所示。

(7)输入坐标:"@36 < 30",单击左键,绘制线段*EF*,如图5.13所示。

(8)输入坐标:"@88 < 90",单击左键,绘制线段*FG*,如图5.14所示。

(9)输入坐标:"@29 < -150",单击左键,绘制线段*GH*,如图5.15所示。

(10)输入坐标:"@57 < -90",单击左键,绘制线段*HI*,如图5.16所示。

(11)输入坐标:"@92 < -150",单击左键,绘制线段*IJ*,如图5.17所示。

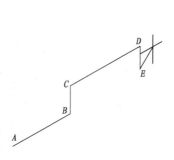

图 5.12　绘制线段 DE

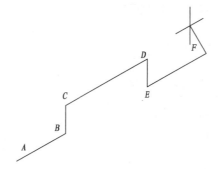

图 5.13　绘制线段 EF

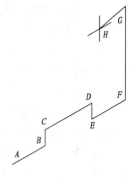

图 5.14　绘制线段 FG

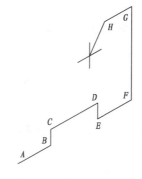

图 5.15　绘制线段 GH

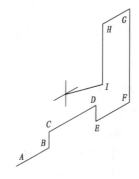

图 5.16　绘制线段 HI

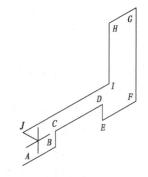

图 5.17　绘制线段 IJ

（12）捕捉点 A，单击左键，回车或按"Esc"键，绘制完几何图形 ABCDEFGHIJ，如图 5.18 所示。

5. 绘制几何图形 A12J（参见图 5.22）

（1）按"F5"键，切换到"等轴测平面　左"。

（2）依次单击"绘图"、"直线"。捕捉点 A，单击左键，如图 5.19 所示（此步骤如果紧接前面，也可直接捕捉点 A，不必依次单击"绘图"、"直线"）。

（3）输入坐标："@78＜150"，单击左键，绘制线段 A1。如图 5.20 所示。

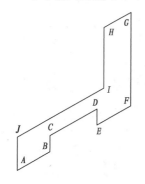

图 5.18　绘制线段 JA

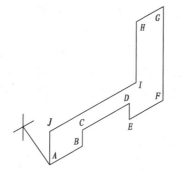

图 5.19　捕捉点 A

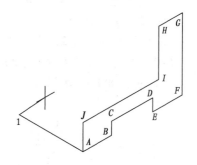

图 5.20　绘制线段 A1

（4）输入坐标："@31<90"，单击左键，绘制线段12，如图5.21所示。

（5）输入坐标："@78<-30"，单击左键，绘制线段2J，回车按"Esc"键，绘制完几何图形 A12J，如图5.22所示（此步骤也可直接捕捉点 J，绘制线段2J）。

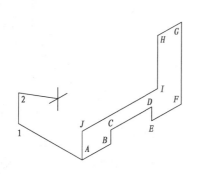

图5.21　绘制线段12

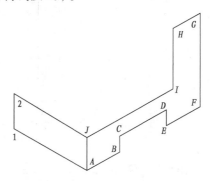

图5.22　绘制线段2J

6. 绘制最上面的几何图形

（1）按"F5"键，切换到"等轴测平面　上"。

（2）依次单击"绘图"、"直线"。捕捉点 G，单击左键，如图5.23所示（此步骤如果紧接前面，也可直接捕捉点 G，不必依次单击"绘图"、"直线"）。

（3）输入坐标："@78<150"，单击左键，绘制线段 G3，如图5.24所示。

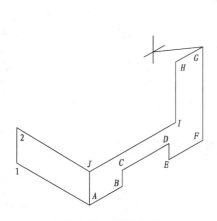

图5.23　捕捉点 G

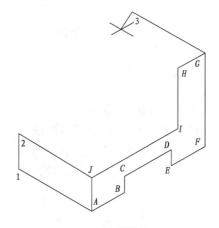

图5.24　绘制线段 G3

（4）输入坐标："@29<-150"，单击左键，绘制线段34，如图5.25所示。

（5）输入坐标："@78<-30"，单击左键，绘制线段4H，回车，绘制完最上面的几何图形 G34H，如图5.26所示（也可直接捕捉点 H，绘制线段4H）。

7. 绘制几何图形 IH45

用相同的方法，绘制几何图形 IH45，如图5.27所示。

8. 绘制几何图形 IJ25

捕捉点2、点5，绘制线段25，几何图形 IJ25 绘制完毕，如图5.28所示。

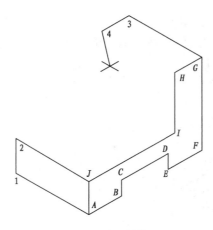

图 5.25　绘制线段 34

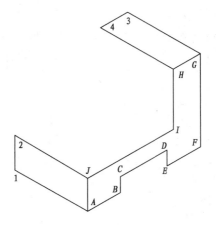

图 5.26　绘制线段 4H

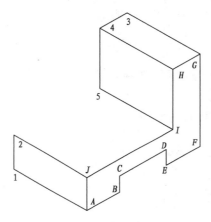

图 5.27　绘制几何图形 IH45

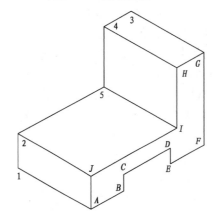

图 5.28　绘制几何图形 IJ25

9. 绘制 E 点处与 Y 轴平行的线段

（1）利用"复制"命令，把任意一根与 Y 轴平行的线段复制到 E 点。

（2）利用"修剪"命令，剪掉不要的线段，如图 5.29 所示。

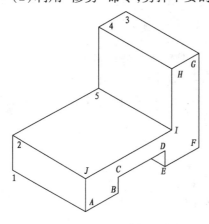

图 5.29　绘制 E 点处与 Y 轴平行的线段

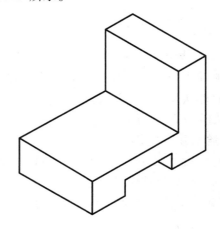

图 5.30　放入图层

10. 检查图形

检查图形是否绘制完毕,并查漏补缺,确保无误。

11. 放入图层

把几何图形放入相应的图层,如图 5.30 所示。【实例 5-1】的几何图形绘制完毕。

12. 保存、关闭图形

移动图形至绘图区域合适的位置,存盘后关闭该图形。

三、利用"复制"命令,绘制图形

当【实例 5-1】绘制到图 5.22 时,以后的图形可利用"复制"命令进行绘制。

1. 利用"复制"命令,绘制几何图形 DJ25

(1)打开"草图设置"对话框的"对象捕捉"选项卡,勾选绘制该图形的主要特征点:"交点"、"端点"。

(2)关闭"草图设置"对话框。

(3)打开"对象捕捉"。

(4)按"F5"键,切换到"等轴测平面　上"。

(5)依次单击"修改"、"复制"。

(6)复制线段 J2 的点 J 于点 I,得线段 I5,如图 5.31 所示。

(7)复制线段 IJ 的点 J 于点 2,得线段 25,如图 5.32 所示。

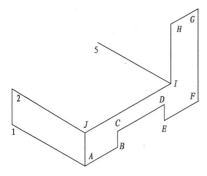

图 5.31　复制线段 J2,得线段 I5

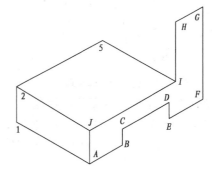

图 5.32　复制线段 IJ,得线段 25

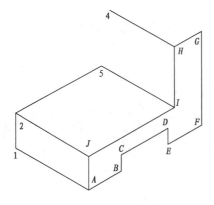

图 5.33　复制线段 I5,得线段 H4

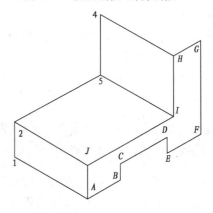

图 5.34　复制线段 HI,得线段 45

2. 利用"复制"命令,绘制几何图形 HI54

(1)按"F5"键,切换到"等轴测平面 左"。

(2)依次单击"修改"、"复制"。

(3)复制线段 I5 的点 I 于点 H,得线段 H4,如图 5.33 所示。

(4)复制线段 HI 的点 H 于点 4,得线段 45,如图 5.34 所示。

3. 利用"复制"命令,绘制几何图形 HG34

(1)按"F5"键,切换到"等轴测平面 上"。

(2)依次单击"修改"、"复制"。

(3)复制线段 HG 的点 H 于点 4,得线段 43,如图 5.35 所示。

(4)复制线段 H4 的点 H 于点 G,得线段 G3,如图 5.36 所示。

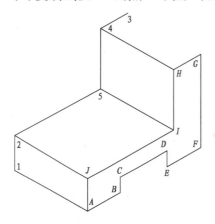

图 5.35 复制线段 HG,得线段 43

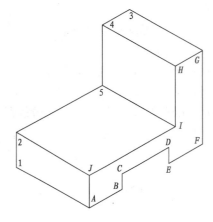

图 5.36 复制线段 H4,得线段 G3

4. 绘制 E 点处与 Y 轴平行的线段

(1)利用"复制"命令,把任意一根与 Y 轴平行的线段,复制到 E 点。

(2)利用"修剪"命令,剪掉不要的线段,如图 5.29 所示。

5. 检查图形

检查图形是否绘制完毕,并查漏补缺,确保无误。

6. 放入图层

把几何图形放入相应的图层,如图 5.30 所示,【实例 5-1】的几何图形绘制完毕。

7. 保存、关闭图形

移动图形至绘图区域合适的位置,存盘后关闭该图形。

提示:

> ● 绘制轴测图时,一般是把"复制"命令融入到其他方法的绘图过程之中。
>
> ● 绘制轴测图时,一般不采用"偏移"命令。

【自己动手 5-2】 输入点的极坐标绘制【实例 5-1】。

【自己动手 5-3】 利用输入点的极坐标和"复制"命令,绘制【实例 5-1】。

课题三　结合正交模式,辅助绘制轴测图

【实例5-2】　结合正交模式,绘制【实例5-1】

一、正交模式绘制轴测图概述

打开正交模式,绘制轴测图时,所画直线自动与当前轴测面内的某一轴测轴方向一致。如在"等轴测平面　右"时,那么所画直线将沿着30°(或 −150°)、或者90°(或 −90°)方向。

二、绘制过程

1. 建立新文件,设置图形界限

新建一个图形文件并设置图形界限。

2. 设置两个图层

(1)设置宽度为默认的细实线层。

(2)设置宽度为0.3 mm 的粗实线层。

(3)把细实线层设为当前层。

3. 激活轴测投影模式

(1)依次单击"工具"、"草图设置",打开"草图设置"对话框。

(2)单击"捕捉与栅格"选项卡,选取"等轴测捕捉",激活轴测投影模式。

4. 勾选绘制该图形的主要特征点

(1)单击"草图设置"对话框中"对象捕捉"选项卡。

(2)勾选绘制该图形的主要特征点:"交点"、"端点"。

(3)关闭"草图设置"对话框。

(4)打开"对象捕捉"工具栏。

(5)打开"对象捕捉"。

5. 打开正交功能

单击"正交",打开正交功能。

6. 绘制几何图形 *ABCDEFGHIJ*

(1)按"F5"键,切换到"等轴测平面　右"。

(2)依次单击"绘图"、"直线"。选取一点作为起点 *A*,单击左键,确定点 *A*。

(3)光标向右上方移动,输入线段 *AB* 的长度:"35",单击左键,绘制线段 *AB*。

(4)光标向上方移动,输入线段 *BC* 的长度:"15",单击左键,绘制线段 *BC*。

(5)光标向右上方移动,输入线段 *CD* 的长度:"50",单击左键,绘制线段 *CD*。

(6)光标向下方移动,输入线段 *DE* 的长度:"15",单击左键,绘制线段 *DE*。

(7)光标向右上方移动,输入线段 *EF* 的长度:"36",单击左键,绘制线段 *EF*。

(8)光标向上方移动,输入线段 *FG* 的长度:"88",单击左键,绘制线段 *FG*。

(9)光标向左下方移动,输入线段 *GH* 的长度:"29",单击左键,绘制线段 *GH*。

(10)光标向下方移动,输入线段 *HI* 的长度:"57",单击左键,绘制线段 *HI*。

(11)光标向左下方移动,输入线段 *IJ* 的长度:"97",单击左键,绘制线段 *IJ*。

(12)捕捉点 *A*,单击左键,回车,绘制完几何图形 *ABCDEFGHIJ*,如图 5.37 所示。

7. 绘制几何图形 *AJ21*

(1)按"F5"键,切换到"等轴测平面　左"。

（2）依次单击"绘图"、"直线"。捕捉点 A，单击左键。

（3）光标向左上方移动，输入线段 A1 的长度："78"，单击左键，绘制线段 A1。

（4）光标向上方移动，输入线段 12 的长度："31"，单击左键，绘制线段 12。

（5）捕捉点 J，单击左键，回车，绘制完几何图形 AJ21。如图 5.38 所示。

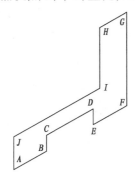

图 5.37　绘制图形 ABCDEFGHIJ

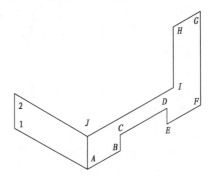

图 5.38　绘制图形 AJ21

8. 绘制几何图形 JD52

（1）按"F5"键，切换到"等轴测平面　上"。

（2）依次单击"绘图"、"直线"。捕捉点 2，单击左键。

（3）光标向右上方移动，输入线段 25 的长度："92"，单击左键，绘制线段 25。

（4）动捕捉点 I，单击左键。

9. 绘制几何图形 IH45

（1）按"F5"键，切换到"等轴测平面　左"。

（2）依次单击"绘图"、"直线"。捕捉点 5，单击左键。

（3）光标向上方移动，输入线段 54 的长度："57"，单击左键，绘制线段 54。

（4）捕捉点 H，单击左键，回车，绘制完几何图形 IH45，如图 5.40 所示。

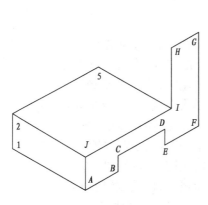

图 5.39　绘制图形 JD52

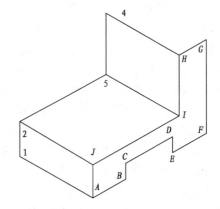

图 5.40　绘制图形 IH45

10. 绘制几何图形 HG34

（1）按"F5"键，切换到"等轴测平面　上"。

（2）依次单击"绘图"、"直线"。捕捉点 4，单击左键。

（3）光标向上方移动,输入线段 43 的长度:"29",单击左键,绘制线段 43。

（4）捕捉点 *G*,单击左键,回车,绘制完几何图形 *HG*34,如图 5.41 所示。

11. 绘制 *E* 点处与 *Y* 轴平行的线段

（1）依次单击"绘图"、"直线"。捕捉点 *E*,单击左键。

（2）光标向左上方移动,捕捉到与线段 *CD* 的交点,单击左键,回车。

12. 检查图形

检查图形是否绘制完毕,并查漏补缺,确保无误。

13. 放入图层

把几何图形放入相应的图层,如图 5.30 所示。【实例 5-1】的几何图形按此方法绘制完毕。

14. 保存、关闭图形

移动图形至绘图区域合适的位置。存盘后关闭该图形。

【自己动手 5-4】 结合正交模式,绘制【实例 5-1】。

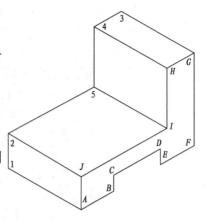

图 5.41 绘制图形 *HG*34

课题四 结合自动捕捉、极坐标追踪、自动追踪功能,绘制轴测图

【实例 5-3】 结合自动捕捉、极坐标追踪、自动追踪功能,绘制图 5.42。

一、自动捕捉、极坐标追踪、自动追踪功能,绘制轴测图概述

1. 自动捕捉、极坐标追踪、自动追踪功能绘制轴测图的含义

绘图时,常常要确定即将绘制的图形对象,相对于已知图形元素的位置,此时可以打开自动捕捉、自动追踪功能来辅助定位。在轴测图中,因某一图形对象相对于另一个对象的定位往往是 30°、90°、150°,因此需将自动追踪的角度增量设定为 30°,这样才可能从已知对象开始沿 30°、90°或 150°方向追踪定位。

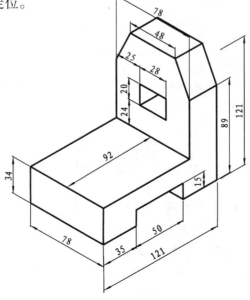

图 5.42 【实例 5-3】的图形

2. 利用自动捕捉、极坐标追踪、自动追踪功能画线的方法

（1）单击"极轴"、"对象捕捉"、"对象追踪"，打开自动捕捉、极坐标追踪、自动追踪功能。

（2）依次单击"工具"、"草图设置"命令，打开"草图设置"对话框，进入"极轴追踪"选项卡。

（3）在"角增量"栏中，输入："30"。

（4）在"对象捕捉追踪设置"区域中选择"用所有极轴角设置追踪"，如图 5.43 所示。

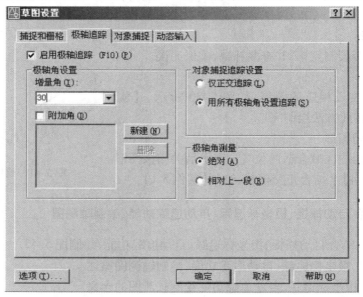

图 5.43 在"草图设置"对话框，设置"极轴追踪"有关参数

（5）单击"确定"按钮，关闭"草图设置"对话框。

二、结合自动捕捉、极坐标追踪、自动追踪功能，绘制图 5.42

1. 建立新文件，设置图形界限

新建一个图形文件并设置图形界限。

2. 设置两个图层

（1）设置宽度为默认的细实线层。

（2）设置宽度为 0.3 mm 的粗实线层。

（3）把细实线层设为当前层。

3. 激活轴测投影模式

（1）右击"极轴"，左击"设置"，打开"草图设置"对话框，进入"极轴追踪"选项卡。

（2）在"角增量"栏中，输入："30"，在"对象捕捉追踪设置"区域中，选择"用所有极轴角设置追踪"。

（3）单击"对象捕捉"选项卡，勾选绘制该图形的主要特征点："端点"、"交点"。

（4）单击"确定"按钮，关闭"草图设置"对话框。

（5）单击"极轴"、"对象捕捉"、"对象追踪"，打开极轴追踪、自动捕捉、自动追踪功能。

（6）打开"对象捕捉"工具栏。

4. 绘制图形 A

根据前面的知识，绘制图形 A，如图 5.44 所示。

5. 绘制几何图形中前上被切去的部分

（1）按"F5"键,切换到"等轴测平面 左"。

（2）依次单击"绘图"、"直线"。捕捉点 *A* 为追踪参考点,光标向左上方追踪,如图5.45所示。

（3）输入线段 *AH* 的长度:"15",回车,确定点 *H*,光标向下追踪,如图5.46所示。

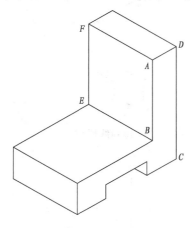

图 5.44 绘制图形 *A*

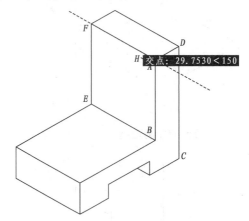

图 5.45 捕捉点 *A* 为追踪参考点

（4）输入长度:"32",回车,光标向右下方追踪,捕捉与 *AB* 的交点 *M*(或输入长度:"15"),单击左键,如图5.47所示,光标向右上方追踪。

（5）捕捉与 *CD* 的交点 *N*(或输入长度:"32"),单击左键,回车,如图5.48所示。

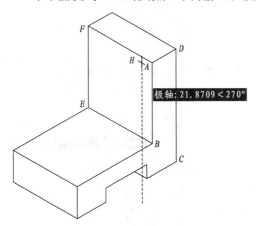

图 5.46 确定点 *H*

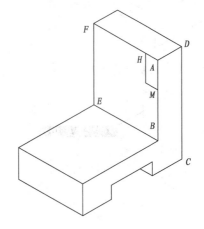

图 5.47 确定点 *M*

（6）依次单击"绘图"、"直线",绘制线段 *HM*,如图5.49所示。

（7）利用"复制"命令,绘制该处的剩余部分,如图5.50所示。

（8）修剪、删除不要的部分,如图5.51所示。

6. 绘制几何图形中后上被切去的部分

（1）依次单击"绘图"、"直线"。捕捉点 *F* 为追踪参考点,光标向右下方追踪,如图5.52所示。

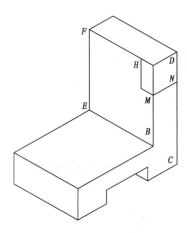

图 5.48　确定点 N

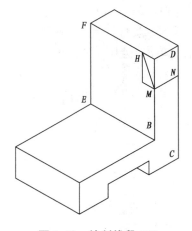

图 5.49　绘制线段 HM

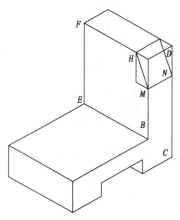

图 5.50　绘制该处剩余部分

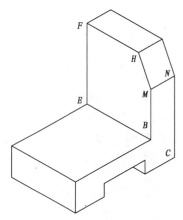

图 5.51　修剪、删除不要的部分

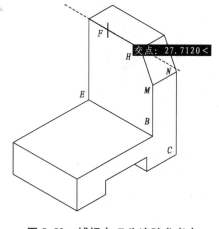

图 5.52　捕捉点 F 为追踪参考点

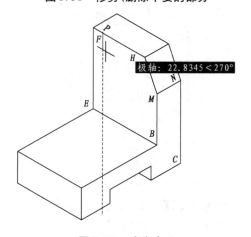

图 5.53　确定点 P

160

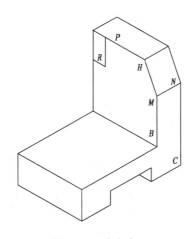

图 5.54　确定点 R

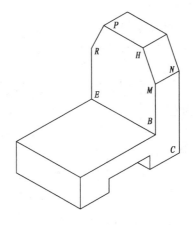

图 5.55　绘制左上被切去的部分

（2）输入线段 FP 的长度："15"，回车，确定点 P，光标向下追踪，如图 5.53 所示。

（3）输入长度："32"，回车，光标向左上方追踪，捕捉与 EF 的交点 R（或输入长度："15"），单击左键，回车，如图 5.54 所示。

（4）依次单击"绘图"、"直线"，绘制线段 PR。

（5）利用"复制"命令，绘制该处的剩余部分。

（6）修剪、删除不要的部分，如图 5.55 所示。

7. 绘制几何图形中 20×28 的矩形孔

（1）依次单击"绘图"、"直线"。捕捉点 E 为追踪参考点，光标向右下方追踪，如图 5.56 所示。

（2）输入长度："25"，回车，光标向上追踪。

（3）输入长度："24"，回车，确定点 S，光标向右下方追踪，如图 5.57 所示。

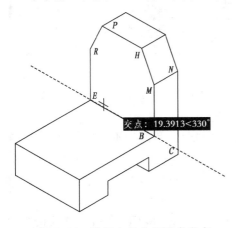

图 5.56　捕捉点 E 为追踪参考点

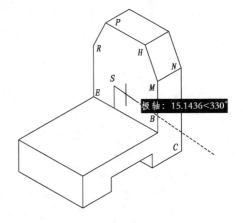

图 5.57　确定点 S

（4）输入长度："28"，回车，光标向上追踪。

（5）输入长度："20"，回车，光标向左上方追踪。

161

（6）输入长度："28"，回车，光标向下方追踪，捕捉点 S，单击左键，回车。

（7）利用"复制"命令，复制矩形孔里的线，如图 5.58 所示。

（8）修剪、删除不要的部分。

8. 检查图形

检查图形是否绘制完毕，并查漏补缺，确保无误。

9. 放入图层

把几何图形放入相应的图层，如图 5.59 所示。

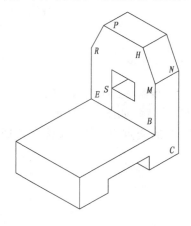

图 5.58　绘制 20×28 的矩形孔

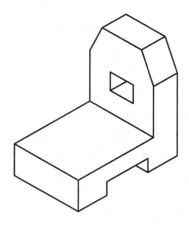

图 5.59　放入图层

10. 保存、关闭图形

移动图形至绘图区域合适的位置。存盘后关闭该图形。

提示：

●实际绘制轴测图时，常常是以上几种方法综合使用，以便快速绘制图形。

【自己动手5-5】　结合自动捕捉、极坐标追踪、自动追踪功能，绘制【实例5-3】。

课题五　轴测图中圆的绘制

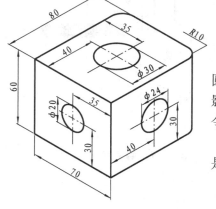

图 5.60　【实例5-4】的图形

【实例5-4】　绘制图 5.60

一、圆的轴测投影

圆的轴测投影是椭圆，当圆位于不同的轴测面内，椭圆的长、短轴的位置是不相同的。手工绘制圆的轴测投影是比较麻烦，但在 AutoCAD 中，可直接利用"椭圆"命令的"等轴测圆(I)"选项来绘制。

轴测图中的圆弧过渡为椭圆弧，绘制椭圆弧的方法是在相应的位置画椭圆，再剪掉多余的线条。

二、绘制过程

1. 建立新文件，设置图形界限

新建一个图形文件并设置图形界限。

2. 设置三个图层

（1）设置宽度为默认的细实线层。

（2）设置宽度为默认的点划线层。

（3）设置宽度为 0.3 mm 的粗实线层。

（4）把细实线层设为当前层。

3. 激活轴测投影模式

（1）右击"极轴"，左击"设置"，打开"草图设置"对话框，进入"极轴追踪"选项卡。

（2）在"角增量"栏中，输入："30"，在"对象捕捉追踪设置"区域中，选择"用所有极轴角设置追踪"。

（3）单击"对象捕捉"选项卡，勾选绘制该图形的主要特征点："端点"、"交点"。

（4）单击"确定"按钮，关闭"草图设置"对话框。

（5）单击"极轴"、"对象捕捉"、"对象追踪"，打开极轴追踪、自动捕捉、自动追踪功能。

（6）打开"对象捕捉"工具栏。

4. 绘制长方体

根据图样尺寸，绘制图 5.60 所示的长方体，如图 5.61 所示。

5. 绘制三个圆

（1）绘制三条对角线作为辅助线，如图 5.62 所示。

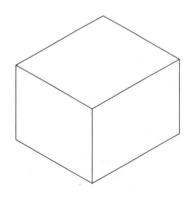

图 5.61　绘制长方体

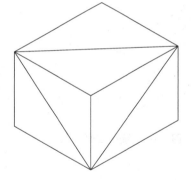

图 5.62　绘制三条对角线

图 5.63　选取"轴、端点（E）"

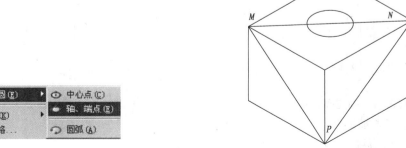

图 5.64　绘制上面的圆

（2）按"F5"键，切换到"等轴测平面上"，绘制上面的圆。

①单击"绘图"，选取"椭圆"，单击"轴、端点（E）"，如图 5.63 所示。

②在命令行中输入字母:I（大小写均可），回车，选取"等轴测圆"选项。

③捕捉上面对角线的中点为等轴测圆的圆心，单击左键。

④输入圆的半径:"15"，回车，如图 5.64 所示。

（3）按"F5"键，切换到"等轴测平面 右"，绘制右面的圆。

①单击"绘图"，选取"椭圆"，单击"轴、端点（E）"。

②在命令行中输入字母:"I"，回车。

③捕捉右面对角线的中点为等轴测圆的圆心，单击左键。

④输入圆的半径:"12"，回车，如图 5.65 所示。

（4）按"F5"键，切换到"等轴测平面 左"，绘制左面的圆。

①单击"绘图"，选取"椭圆"，单击"轴、端点（E）"。

②在命令行中输入字母:"I"，回车。

③捕捉左面对角线的中点为等轴测圆的圆心，单击左键。

④输入圆的半径:"10"，回车，如图 5.66 所示。

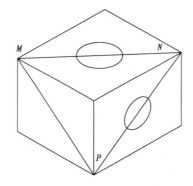

图 5.65　绘制右面的圆

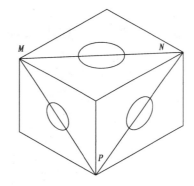

图 5.66　绘制左面的圆

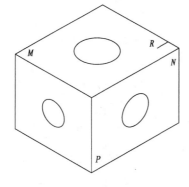

图 5.67　确定圆心 R

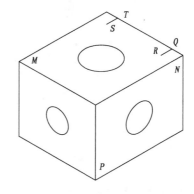

图 5.68　确定圆心 S

（5）删除三条辅助线。

6. 绘制过渡圆弧

（1）按"F5"键，切换到"等轴测平面 上"。

（2）依次单击"绘图"、"直线"。

（3）捕捉点 N 为追踪参考点，光标向左上方追踪。

（4）输入长度："10"，回车。光标向左下方追踪。

（5）输入长度："10"，单击左键，回车，确定椭圆的圆心 R，如图5.67所示。

（6）用同样的方法，确定另一圆心 S，如图5.68所示。

（7）按照轴测图绘制椭圆的方法，分别以点 R、点 S 为圆心，线段 RQ、ST 为半径，绘制两个椭圆，如图5.69所示。

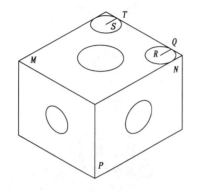

图5.69　绘制两个椭圆

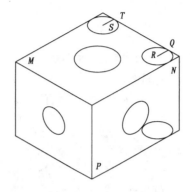

图5.70　复制椭圆 R 于下面

（8）复制椭圆 R 于下面，如图5.70所示。

（9）利用"捕捉到象限点"，绘制如图5.71所示的竖线。

（10）修剪、删除不要的几何图形，如图5.72所示。

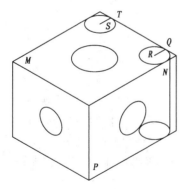

图5.71　绘制竖线

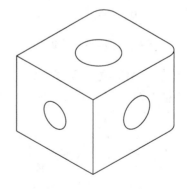

图5.72　绘制过渡圆弧

7. 绘制椭圆的中心线

绘制3个椭圆的中心线，如图5.73所示。

8. 放入图层

把几何图形放入相应的图层，如图5.74所示。

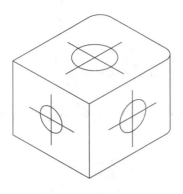

图 5.73　绘制椭圆的中心线

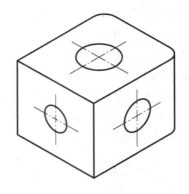

图 5.74　放入图层

9. 保存、关闭图形

移动图形至绘图区域合适的位置。存盘后关闭该图形。

提示：

● "椭圆"命令的"等轴测圆（I）"选项,只有在激活轴测模式后才能使用。

● 当单击"椭圆"的"轴、端点（E）"选项后,命令行中出现图 5.75 的形式。在命令行中输入 I,回车,就选取了"等轴测圆"选项。

指定椭圆轴的端点或 [圆弧（A）/中心点（C）/等轴测圆（I）]:

图 5.75　选取了"等轴测圆"选项

【自己动手 5-6】　绘制【实例 5-4】。

课题六　在轴测图中书写文字

一、轴测图中书写文字概述

为了使轴测图中的文字有立体感,就必须根据各轴测面的位置特点,将文字倾斜一个角度值,使它们的外观与轴测图协调一致,让文字看起来像是在该轴测面内,如图 5.76 所示。

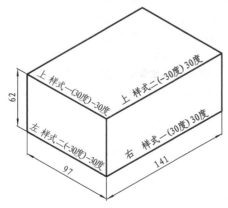

图 5.76　轴测图中的文字

二、轴测图中文字的倾斜规律

各轴测面上文字的倾斜规律,如图 5.76 所示。其具体要求是：

1. 左轴测面上的文字

在左轴测面上,文字的倾斜角为 −30°。

2. 右轴测面上的文字

在右轴测面上,文字的倾斜角为 30°。

3. 上轴测面上的文字

（1）在上轴测面上,当文字与 X 轴平行时,文字的倾斜角为 −30°。

（2）在上轴测面上,当文字与 Y 轴平行时,文字的倾斜角为30°。

所以,根据各轴测面内的文字是倾斜30°或−30°这一规律,在书写轴测图的文字时,应先建立倾角分别是30°和−30°的两种文字样式,再利用合适的文字样式控制文字的倾斜角度,就能保证文字的外观看起来是立体的。

三、书写图 5.76 中的文字

1. 绘制长方体

根据图样尺寸,在轴测模式下绘制长方体。

2. 建立两种文字样式

(1)依次单击"格式"、"文字样式",打开"文字样式"对话框,如图5.77所示。

(2)单击"新建(N)"按钮,创建名为"样式1"的文字样式。

(3)在"字体"框中,选定"gbenor. shx"和"gbcbig. shx"。

(4)在"倾斜角度"框中,输入数字30(倾斜角度为30°),如图5.78所示。

(5)用同样的方法,建立倾斜角度为−30°的文字样式:"样式2"。

图 5.77　"文字样式"对话框　　　　图 5.78　创建名为"样式1"的文字样式

3. 书写右面的文字

(1)按"F5"键,切换到"等轴测平面　右"。

(2)把"样式1"设置为当前样式。

(3)单击"绘图",选取"文字",单击"单行文字"。

(4)在右面适当位置,单击左键,选取文字的起点。

(5)输入文字的高度:"10",回车。

(6)输入文字的旋转角度:"30",回车。

(7)输入文字:"右　样式1(30度)30度",回车,按"Esc"键,如图5.79所示。

(8)如果文字的位置不合适,可利用"移动"命令,把文字移到合适的位置。

4. 书写左面的文字

(1)按"F5"键,切换到"等轴测平面　左"。

(2)把"样式2"设置为当前样式。

(3)单击"绘图",选取"文字",单击"单行文字"。

(4)在左面适当位置,单击左键,选取文字的起点。

(5)输入文字的高度:"10",回车。

(6)输入文字的旋转角度:"−30",回车。

（7）输入文字："左　样式二（30度）－30度"，回车，按"Esc"键，如图5.80所示。

（8）如果文字的位置不合适，可利用"移动"命令，把文字移到合适的位置。

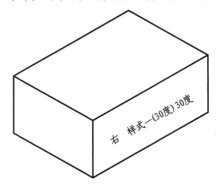

图5.79　书写右面的文字

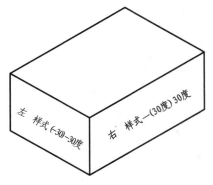

图5.80　书写左面的文字

5. 书写上面与 X 轴平行的文字

（1）按"F5"键，切换到"等轴测平面　上"。

（2）把"样式2"设置为当前样式。

（3）单击"绘图"，选取"文字"，单击"单行文字"。

（4）在上面与 X 轴平行的适当位置，单击左键，选取文字的起点。

（5）输入文字的高度："10"，回车。

（6）输入文字的旋转角度："30"，回车。

（7）输入文字："上　样式二（－30度）30度"，回车，按"Esc"键，如图5.81所示。

（8）如果文字的位置不合适，可利用"移动"命令，把文字移到合适的位置。

6. 书写上面与 Y 轴平行的文字

（1）把"样式1"设置为当前样式。

（2）单击"绘图"，选取"文字"，单击"单行文字"。

（3）在上面与 X 轴平行的适当位置，单击左键，选取文字的起点。

（4）输入文字的高度："10"，回车。

（5）输入文字的旋转角度："－30"，回车。

（6）输入文字："上　样式一（30度）－30度"，回车，按"Esc"键，如图5.82所示。

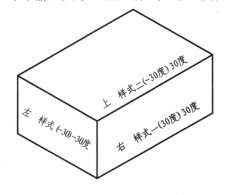

图5.81　书写上面与 X 轴平行的文字

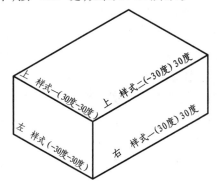

图5.82　书写上面与 Y 轴平行的文字

（7）如果文字的位置不合适,可利用"移动"命令,把文字移到合适的位置。

7. 保存、关闭图形

移动图形至绘图区域合适的位置。存盘后关闭该图形。

提示:

● 文字高度的确定:用户可在绘图界面内任输入一文字,确定与图形相匹配的文字高度后,再按此高度书写文字。当然,如果规定了文字高度,就按规定的高度书写。

【自己动手5-8】 书写图5.76中的文字。

课题七 轴测图中的尺寸标注

【实例5-5】 标注【实例5-4】的尺寸

一、轴测图中尺寸标注概述

在轴测图中标注尺寸,标注外观看起来与轴测图本身不协调,为了使某个轴测面内的尺寸标注看起来像在这个轴测面内,就需要将尺寸线、尺寸界线倾斜某一角度,以便使它们与相应的轴测轴平行。而且,标注文字也必须设置成倾斜某一角度的形式,才能控制文字的外观具有立体感。

二、轴测图中尺寸标注的基本步骤

1. 建立两个文字样式

（1）建立倾斜角度为30°的文字样式,样式名称为"样式1"。

（2）建立倾斜角度为－30°的文字样式,样式名称为"样式2"。

2. 建立两个标注样式

（1）建立名称为"DIM-1"的尺寸标注样式,并且"DIM-1"连接"样式1"。

（2）建立名称为"DIM-2"的尺寸标注样式,并且"DIM-2"连接"样式2"。

3. 激活轴测投影模式

（1）右击"极轴",左击"设置",打开"草图设置"对话框,进入"极轴追踪"选项卡。

（2）在"角增量"栏中,输入:"30",在"对象捕捉追踪设置"区域中,选择"用所有极轴角设置追踪"。

（3）单击"对象捕捉"选项卡,勾选标注尺寸所需的主要特征点。

（4）单击"确定"按钮,关闭"草图设置"对话框。

（5）单击"极轴"、"对象捕捉"、"对象追踪",打开极轴追踪、自动捕捉、自动追踪功能。

（6）打开"对象捕捉"工具栏。

4. 标注原始尺寸

依次单击"标注"、"对齐",利用"对齐"命令,选择轴测面合适的尺寸标注样式标注尺寸,如图5.83所示。图中的含义为:

（1）左面尺寸:

①"左 DIM-2":标注左面与 Y 轴平行的尺寸,轴测面切换到"等轴测平面 左",标注样式为"DIM-2"。

②"左 DIM-1":标注左面与 Z 轴平行的尺寸,轴测面切换到"等轴测平面 左",标注样

式为"DIM-1"。

（2）右面尺寸：

①"右　DIM-1"：标注右面与 X 轴平行的尺寸，轴测面切换到"等轴测平面　右"，标注样式为"DIM-1"。

②"右　DIM-2"：标注右面与 Z 轴平行的尺寸，轴测面切换到"等轴测平面　右"，标注样式为"DIM-2"。

（3）上面尺寸：

①"上　DIM-2"：标注上面与 X 轴平行的尺寸，轴测面切换到"等轴测平面　上"，标注样式为"DIM-2"。

②"右　DIM-1"：标注上面与 Y 轴平行的尺寸，轴测面切换到"等轴测平面　上"，标注样式为"DIM-1"。

5. 修改原始尺寸界线的倾斜角度

在命令行中，输入："dimfdit"命令，回车后，选择"倾斜（O）"选项，修改尺寸界线的倾斜角度，使尺寸界线的方向与轴测轴一致，让标注外观具有立体感，如图 5.84 所示。图中的含义为：

（1）左面尺寸界线的倾斜角度：

①"左　DIM-2（转 -90 度）"：左面与 Y 轴平行的尺寸的倾斜角度为 -90°。

②"左　DIM-1（转 -30 度）"：左面与 Z 轴平行的尺寸的倾斜角度为 -30°。

（2）右面尺寸界线的倾斜角度：

①"右　DIM-1（转 -90 度）"：右面与 X 轴平行的尺寸的倾斜角度为 -90°。

②"左　DIM-2（转 30 度）"：右面与 Z 轴平行的尺寸的倾斜角度为 30°。

（3）上面尺寸界线的倾斜角度：

①"上　DIM-1（转 30 度）"：上面与 Y 轴平行的尺寸的倾斜角度为 30°。

②"上　DIM-2（转 -30 度）"：上面与 X 轴平行的尺寸的倾斜角度为 -30°。

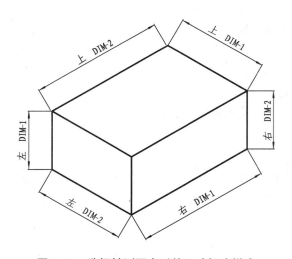

图 5.83　选择轴测面合适的尺寸标注样式

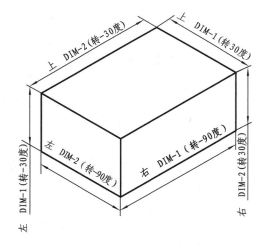

图 5.84　选择尺寸界线合适的倾斜角度

6. 替代直径尺寸

轴测图中，不能标注直径，利用"特性"中的"文字替代"，把圆的尺寸数字转换为直径的标注形式。

7. 标注过渡椭圆弧的半径

（1）按"F5"键，切换到合适的轴测平面。

（2）标注过渡椭圆弧的引线。

（3）选取合适的文字样式，书写与轴测面相匹配的半径标注尺寸。

（4）把书写好的半径标注尺寸，移到引线合适的位置。

8. 调整尺寸位置

调整尺寸位置，使尺寸位置符合《机械制图》的要求。

三、标注【实例5-4】图形的尺寸

1. 打开图形

打开【实例5-4】的图形，如果没有，绘制该图形。

2. 建立文字样式

（1）建立名称为"样式1"的文字样式，倾斜角度为30°，在"字体"框中，选定"gbenor. shx"和"gbcbig. shx"。

（2）建立名称为"样式2"的文字样式，倾斜角度为 – 30°，在"字体"框中，选定"gbenor. shx"和"gbcbig. shx"。

3. 建立标注样式

同"二、轴测图中尺寸标注的基本步骤"中的"2. 建立两个标注样式"。

4. 激活轴测投影模式

同"二、轴测图中尺寸标注的基本步骤"中的"3. 激活轴测投影模式"（如果已激活轴测投影模式，则该步骤可不要）。

勾选标注尺寸所需的主要特征点：交点、圆心。

5. 标注右面的原始尺寸

（1）按"F5"键，切换到"等轴测平面　右"。

（2）把"DIM-1"设置为当前样式，标注右面与 X 轴平行的尺寸，如图5.85所示。

①依次单击"标注"、"对齐"。

②标注圆的直径尺寸24。

③标注尺寸40。依次单击"标注"、"对齐"，捕捉点 P 为追踪参考点，光标向上方追踪，输入长度："30"，回车，选取右面圆心为第二条尺寸界线的起点，单击左键，将尺寸拉至合适位置后，单击左键。

（3）把"DIM-2"设置为当前样式，标注右面与 Z 轴平行的尺寸。如图5.86所示。

①依次单击"标注"、"对齐"。

②捕捉点 P 为追踪参考点，光标向右上方追踪，输入长度："40"，回车，选取右面圆心为第二条尺寸界线的起点，单击左键，将尺寸拉至合适位置后，单击左键。尺寸30标注完毕。

6. 标注左面的原始尺寸

（1）按"F5"键，切换到"等轴测平面　左"。

（2）把"DIM-1"设置为当前样式，标注左面与 Z 轴平行的尺寸，如图5.87所示。

①依次单击"标注"、"对齐"。

②标注圆的直径尺寸20。

③标注尺寸30。依次单击"标注"、"对齐"，捕捉点 P 为追踪参考点，光标向左上方追踪，输入长度："35"，回车，选取左面圆心为第二条尺寸界线的起点，单击左键，将尺寸拉至合适位置后，单击左键。

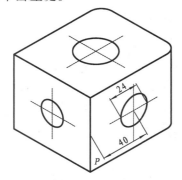

图5.85　标注右面与 X 轴平行的尺寸

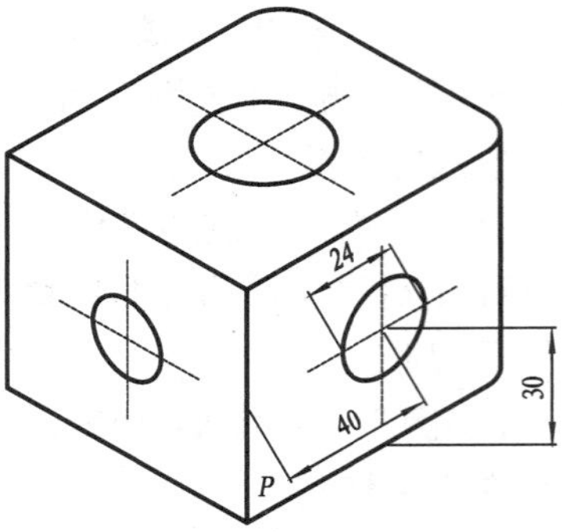

图5.86　标注右面与 Z 轴平行的尺寸

（3）把"DIM-2"设置为当前样式，标注左面与 Y 轴平行的尺寸，如图5.88所示。

①依次单击"标注"、"对齐"。

②标注尺寸35。捕捉点 P 为追踪参考点，光标向上方追踪，输入长度："30"，回车，选取左面圆心为第二条尺寸界线的起点，单击左键，将尺寸拉至合适位置后，单击左键。尺寸35标注完毕。

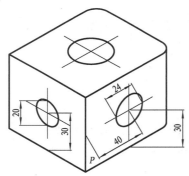
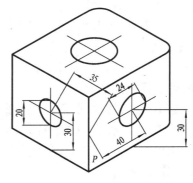

图5.87　标注左面与 Z 轴平行的尺寸

图5.88　标注左面与 Y 轴平行的尺寸

7. 标注上面的原始尺寸

（1）按"F5"键，切换到"等轴测平面　上"。

（2）把"DIM-1"设置为当前样式，标注上面与 Y 轴平行的尺寸，如图5.89所示。

①依次单击"标注"、"对齐"。

②捕捉点 M 为追踪参考点，光标向右上方追踪，输入长度："40"，回车，选取上面圆心为第二条尺寸界线的起点，单击左键，将尺寸拉至合适位置后，单击左键。尺寸35标注完毕。

（3）把"DIM-2"设置为当前样式，标注上面与 X 轴平行的尺寸，如图5.90所示。

①依次单击"标注"、"对齐"。

②捕捉点 M 为追踪参考点,光标向右下方追踪,输入长度:"35",回车,选取上面圆心为第二条尺寸界线的起点,单击左键,将尺寸拉至合适位置后,单击左键。尺寸 40 标注完毕。

③标注尺寸 80。依次单击"标注"、"对齐",捕捉点 T 为追踪参考点,光标向左上方追踪,输入长度:"10",回车,选取点 M 为第二条尺寸界线的起点,单击左键,将尺寸拉至合适位置后,单击左键。尺寸 80 标注完毕。

④标注上面圆的直径尺寸 30。

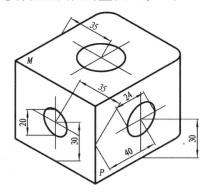

图 5.89　标注上面与 Y 轴平行的尺寸

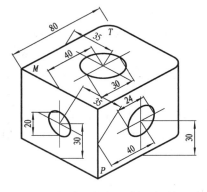

图 5.90　标注上面与 X 轴平行的尺寸

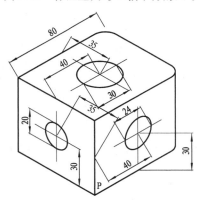

图 5.91　修改左面与 Z 轴平行尺寸的倾斜角度

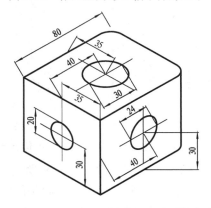

图 5.92　修改左面与 Y 轴平行尺寸的倾斜角度

8. 修改左面尺寸界线的倾斜角度

(1)按"F5"键,切换到"等轴测平面　左"。

(2)修改左面与 Z 轴平行的尺寸界线的倾斜角度。

①在命令行中,输入:"dimfdit"命令,回车。

②输入字母:"O",回车。

③选取左面与 Z 轴平行的所有尺寸:20、30,回车。

④输入倾斜角度:"-30",回车,如图 5.91 所示。

(3)修改左面与 Y 轴平行的尺寸界线的倾斜角度。

①在命令行中,输入:"dimfdit"命令,回车(因接上步,该步骤也可用"回车"来完成)。

②输入字母:"O",回车。

③选取左面与 Y 轴平行的所有尺寸:35,回车。

④输入倾斜角度:"－90",回车,如图 5.92 所示。

9. 修改右面尺寸界线的倾斜角度

(1)按"F5"键,切换到"等轴测平面　右"。

(2)修改右面与 Z 轴平行的尺寸界线的倾斜角度。

①在命令行中,输入:"dimfdit"命令,回车。

②输入字母:"O",回车。

③选取右面与 Z 轴平行的所有尺寸:"30",回车。

④输入倾斜角度:"30",回车,如图 5.93 所示。

(3)修改右面与 X 轴平行的尺寸界线的倾斜角度。

①在命令行中,输入:"dimfdit"命令,回车。(因接上步,该步骤也可用"回车"来完成)

②输入字母:"O",回车。

③选取右面与 X 轴平行的所有尺寸:40、24,回车。

④输入倾斜角度:"－90",回车,如图 5.94 所示。

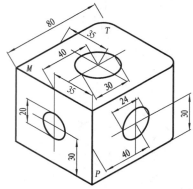

图 5.93　修改右面与 Z 轴平行尺寸的倾斜角度

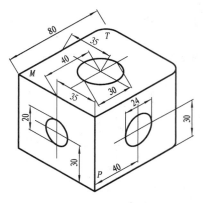

图 5.94　修改右面与 X 轴平行尺寸的倾斜角度

10. 修改上面尺寸界线的倾斜角度

(1)按"F5"键,切换到"等轴测平面　上"。

(2)修改上面与 X 轴平行的尺寸界线的倾斜角度。

①在命令行中,输入:"dimfdit"命令,回车。

②输入字母:"O",回车。

③选取上面与 X 轴平行的所有尺寸:30、40、80,回车。

④输入倾斜角度:"－30",回车,如图 5.95 所示。

(3)修改上面与 Y 轴平行的尺寸界线的倾斜角度。

①在命令行中,输入:"dimfdit"命令,回车(因接上步,该步骤也可用"回车"来完成)。

②输入字母:"O",回车。

③选取左面与 Y 轴平行的所有尺寸:35,回车。

④输入倾斜角度:"30",回车,如图 5.96 所示。

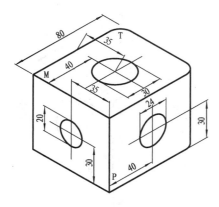

图5.95 修改上面与 *X* 轴平行尺寸的倾斜角度

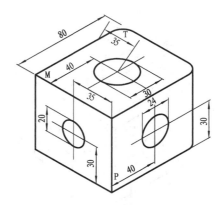

图5.96 修改上面与 *Y* 轴平行尺寸的倾斜角度

11. 替代直径尺寸

（1）选中右面圆的直径尺寸:24。

（2）单击右键,单击"特性",打开"特性"对话框。

（3）在"文字替代"栏中输入:"％％C24",关闭"特性"对话框,如图5.97所示。

（4）以相同的方法,分别替代左面和上面的直径尺寸:20、30,如图5.98所示。

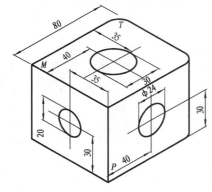

图5.97 替代右面的直径尺寸:24

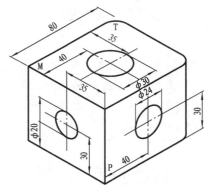

图5.98 替代左面和上面的直径尺寸:20、30

12. 标注过渡椭圆弧的半径

（1）按"F5"键,切换到"等轴测平面 上"。

（2）标注过渡椭圆弧引线。

（3）把"样式1"设置为当前样式。

（4）单击"绘图",选取"文字",单击"单行文字"。

（5）在绘图界面上,单击左键,选取文字的起点。

（6）输入文字的高度:"10",回车。

（7）输入文字的旋转角度:"−30",回车。

（8）输入文字:"*R*10",回车,按"Esc"键。

（9）运用"移动"命令,把文字移到引线合适的位置,如图5.99所示。

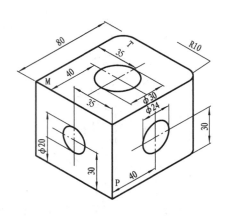

图 5.99　标注过渡椭圆弧的半径:R10

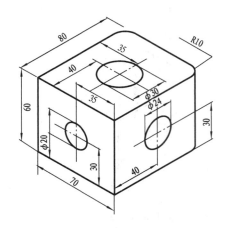

图 5.100　标注尺寸

13. 调整尺寸位置

调整尺寸位置,使尺寸位置符合《机械制图》的要求,并删除字母:P、M、T,如图 5.100 所示。

14. 保存、关闭图形

移动图形至绘图区域合适的位置,存盘后关闭该图形。

提示:

●尺寸数字高度的设置方法,用户可在图形上任意标注一尺寸,确定与图形相匹配的尺寸数字高度后,再按此高度设置尺寸数字高度。

●在命令行中,输入命令:"dimfdit",回车,出现下图的形式,输入字母:"O",回车,即选取"倾斜(O)"的方式。

输入标注编辑类型　[默认(H)/新建(N)/旋转(R)/倾斜(O)]　<默认>:

【自己动手5-9】　标注【实例5-4】的尺寸。

【自己动手5-10】　标注【实例5-3】的尺寸。

任务二 绘制复杂的轴测图

课题一 绘制带有较多圆的轴测图

【实例5-6】 绘制图5.101

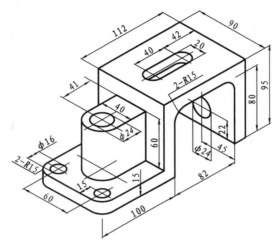

图5.101 【实例5-6】的图形

一、绘制过程

1. 建立新文件,设置图形界限

新建一个图形文件并设置图形界限。

2. 设置图层

(1)设置宽度为默认的细实线层。

(2)设置宽度为默认的点划线层。

(3)设置宽度为0.3 mm的粗实线层。

(4)把细实线层设为当前层。

3. 激活轴测投影模式

(1)依次单击"工具"、"草图设置",打开"草图设置"对话框。

(2)单击"捕捉与栅格"选项卡,选取"等轴测捕捉",激活轴测投影模式。

4. 勾选绘制本图形的特征点

(1)单击"草图设置"对话框中"对象捕捉"选项卡。

(2)勾选绘制本图形的主要特征点:"交点"、"端点"。

(3)关闭"草图设置"对话框。

(4)打开"对象捕捉"工具栏。

5. 绘制图 *A*

单击"正交",打开正交功能,绘制图 *A*,如图5.102所示。

6. 绘制过渡圆弧

(1)单击"极轴"、"对象捕捉"、"对象追踪",打开极轴追踪、自动捕捉、自动追踪功能。

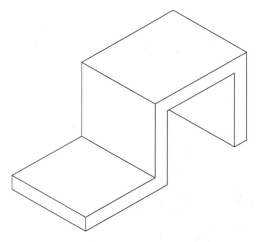

图 5.102　绘制图 A

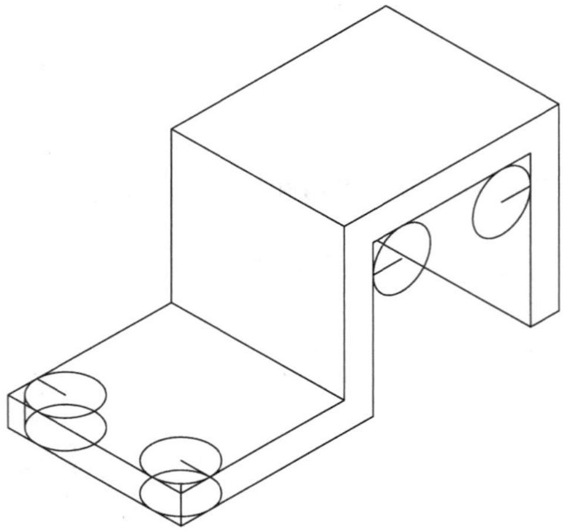

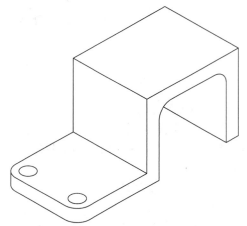

图 5.103　绘制过渡圆弧处的椭圆

（2）确定过渡圆弧处的圆心，绘制过渡圆弧处的椭圆，如图 5.103 所示。

（3）修剪、删除过渡圆弧处不要的图形，如图 5.104 所示。

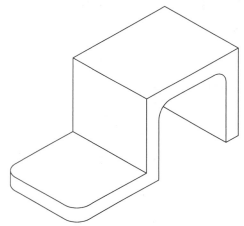

图 5.104　修剪、删除过渡圆弧处不要的图形

图 5.105　绘制 φ16 的椭圆

7. 绘制椭圆 φ16

绘制两个 φ16 的椭圆，如图 5.105 所示。

8. 绘制左边底座上面的图形

（1）绘制线段，确定圆心 A、B，如图 5.106 所示。

（2）绘制点 A、B 处的椭圆，如图 5.107 所示。

（3）绘制该处剩余的线段，如图 5.108 所示。

（4）修剪、删除该处不要的图形，调整中心线至合适长度，如图 5.109 所示。

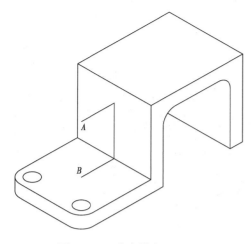

图 5.106　确定圆心 A、B

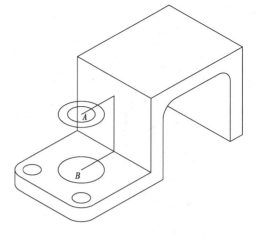

图 5.107　绘制点 A、B 处的椭圆

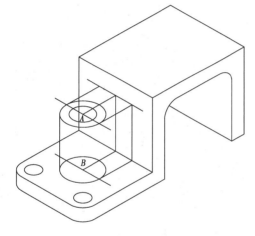

图 5.108　绘制该处剩余的线段

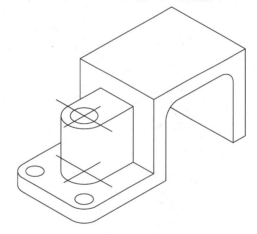

图 5.109　修剪、删除不要的图形，调整中心线的长度

9. 绘制键槽

（1）绘制线段，确定圆心 D、C。

（2）绘制点 D、C 处的椭圆，如图 5.110 所示。

（3）绘制该处剩余的线段。

（4）修剪、删除该处不要的图形，调整中心线至合适长度，如图 5.111 所示。

10. 绘制椭圆 ϕ24

（1）确定椭圆 ϕ24 的圆心。

（2）绘制椭圆。

（3）修剪、删除该处不要的图形，调整中心线至合适长度，如图 5.112 所示。

11. 检查图形

检查图形是否绘制完毕并插漏补缺，确保无误，如图 5.113 所示。

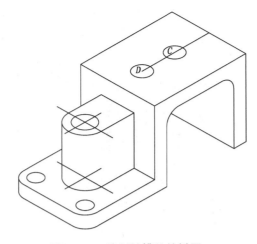

图 5.110　绘制键槽处的椭圆

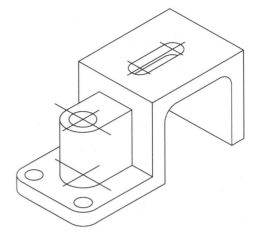

图 5.111　绘制键槽

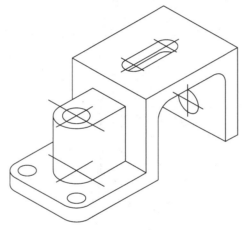

图 5.112　绘制椭圆 $\phi24$

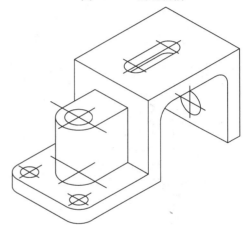

图 5.113　检查图形,插漏补缺,修正错误

12. 放入图层

把几何图形放入相应的图层,如图 5.114 所示。

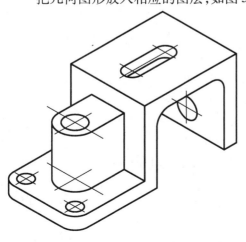

图 5.114　放入图层

二、标注尺寸

1. 建立文字样式

(1)建立名称为"样式 1"的文字样式,倾斜角度为 30°,在"字体"框中,设定"gbenor. shx"和"gbcbig. shx"。

(2)建立名称为"样式 2"的文字样式,倾斜角度为 –30°,在"字体"框中,设定"gbenor. shx"和"gb-cbig. shx"。

2. 建立标注样式

(1)建立名称为"DIM-1"的尺寸标注样式,并且"DIM-1"连接"样式 1"的文字样式。

(2)建立名称为"DIM-2"的尺寸标注样式,并且

"DIM-2"连接"样式2"的文字样式。

3. 勾选标注尺寸所需的主要特征点

打开"草图设置"对话框,单击"对象捕捉"选项卡,勾选标注尺寸所需的主要特征点:交点、圆心。

4. 标注上面的原始尺寸

(1)按"F5"键,切换到"等轴测平面　上"。

(2)把"DIM-2"设置为当前样式。

(3)运用"对齐"命令,分别标注上面与 X 轴平行的原始尺寸,如图 5.115 所示。

(4)把"DIM-1"设置为当前样式。

(5)运用"对齐"命令,分别标注上面与 Y 轴平行的原始尺寸,如图 5.116 所示。

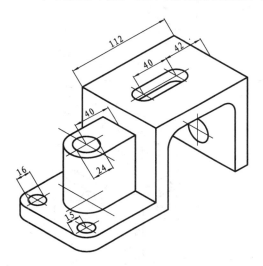

图 5.115　标注上面与 X 轴平行的原始尺寸　　　图 5.116　分别标注上面与 Y 轴平行的原始尺寸

5. 标注右面的原始尺寸

(1)按"F5"键,切换到"等轴测平面　右"。

(2)把"DIM-1"设置为当前样式。

(3)运用"对齐"命令,分别标注右面与 X 轴平行的原始尺寸,如图 5.117 所示。

(4)把"DIM-2"设置为当前样式。

(5)运用"对齐"命令,分别标注右面与 Z 轴平行的原始尺寸,如图 5.118 所示。

6. 标注左面的原始尺寸

(1)按"F5"键,切换到"等轴测平面　左"。

(2)把"DIM-2"设置为当前样式。

(3)运用"对齐"命令,分别标注左面与 Y 轴平行的原始尺寸,如图 5.119 所示。

(4)把"DIM-1"设置为当前样式。

(5)运用"对齐"命令,分别标注左面与 Z 轴平行的原始尺寸,如图 5.120 所示。

7. 修改上面尺寸界线的倾斜角度

(1)按"F5"键,切换到"等轴测平面　上"。

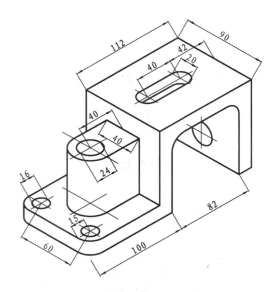

图 5.117　标注右面与 X 轴平行的原始尺寸

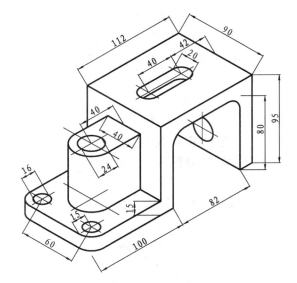

图 5.118　标注右面与 Z 轴平行的原始尺寸

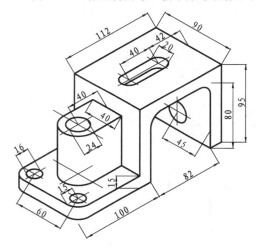

图 5.119　标注左面与 Y 轴平行的原始尺寸

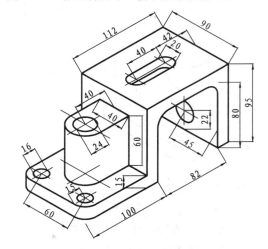

图 5.120　标注左面与 Z 轴平行的原始尺寸

（2）修改上面与 X 轴平行的尺寸界线的倾斜角度。

①在命令行中,输入:"dimfdit"命令,回车。

②输入字母:"O",回车。

③选取上面与 X 轴平行的所有尺寸,回车。

④输入倾斜角度:"−30",回车,如图 5.121 所示。

（3）修改上面与 Y 轴平行的尺寸界线的倾斜角度。

①在命令行中,输入:"dimfdit"命令,回车(因接上步,该步骤也可用"回车"来完成)。

②输入字母:"O",回车。

③选取上面与 Y 轴平行的所有尺寸,回车。

④输入倾斜角度:"30",回车,如图 5.122 所示。

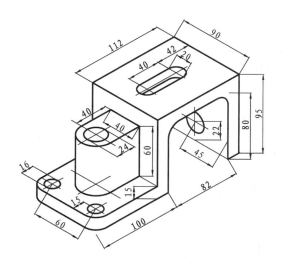

图 5.121　修改上面与 X 轴平行尺寸的倾斜角度

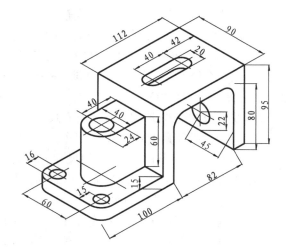

图 5.122　修改上面与 Y 轴平行尺寸的倾斜角度

8. 修改右面尺寸界线的倾斜角度

（1）按"F5"键，切换到"等轴测平面　右"。

（2）修改右面与 X 轴平行的尺寸界线的倾斜角度。

①在命令行中，输入："dimfdit"命令，回车。

②输入字母："O"，回车。

③选取上面与 X 轴平行的所有尺寸，回车。

④输入倾斜角度："－90"，回车，如图 5.123 所示。

（3）修改右面与 Z 轴平行的尺寸界线的倾斜角度。

①在命令行中，输入："dimfdit"命令，回车（因接上步，该步骤也可用"回车"来完成）。

②输入字母："O"，回车。

③选取右面与 Z 轴平行的所有尺寸，回车。

④输入倾斜角度："30"，回车，如图 5.124 所示。

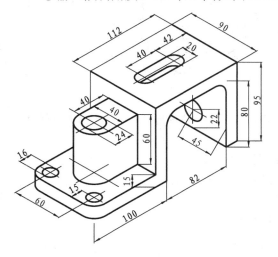

图 5.123　修改右面与 X 轴平行尺寸的倾斜角度

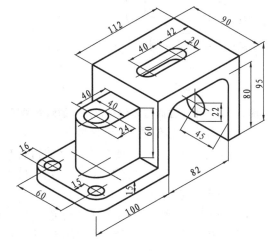

图 5.124　修改右面与 Z 轴平行尺寸的倾斜角度

9. 修改左面尺寸界线的倾斜角度

（1）按"F5"键，切换到"等轴测平面　左"。

（2）修改左面与 Z 轴平行的尺寸界线的倾斜角度。

①在命令行中，输入："dimfdit"命令，回车。

②输入字母："O"，回车。

③选取左面与 Z 轴平行的所有尺寸，回车。

④输入倾斜角度："－30"，回车，如图 5.125 所示。

（3）修改左面与 Y 轴平行的尺寸界线的倾斜角度。

①在命令行中，输入："dimfdit"命令，回车（因接上步，该步骤也可用"回车"来完成）。

②输入字母："O"，回车。

③选取左面与 Y 轴平行的所有尺寸，回车。

④输入倾斜角度："－90"，回车，如图 5.126 所示。

10. 标注过渡椭圆弧的半径

采用引线标注，直接书写文字，移动书写的文字至引线合适的位置的方法，标注过渡椭圆弧的半径，如图 5.127 所示。

11. 替代直径尺寸

采用"文字替代"的方式，把直径尺寸转换为符合《机械制图》的尺寸标注，如图 5.128 所示。

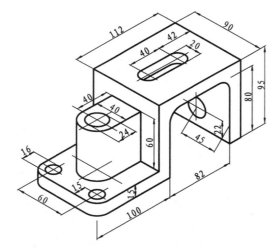

图 5.125　修改左面与 Z 轴平行尺寸的倾斜角度

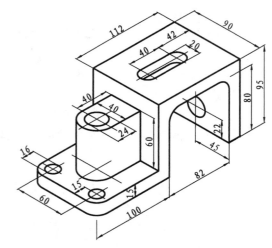

图 5.126　修改左面与 Y 轴平行尺寸的倾斜角度

12. 调整尺寸位置，检查尺寸

（1）调整尺寸位置，使标注的尺寸符合《机械制图》的要求。

（2）检查所标尺寸有无遗漏或多余，确保无误，如图 5.101 所示。

13. 保存、关闭图形

移动图形至绘图区域合适的位置。存盘后关闭该图形。

【自己动手 5-11】　绘制【实例 5-6】的图形，并标注尺寸。

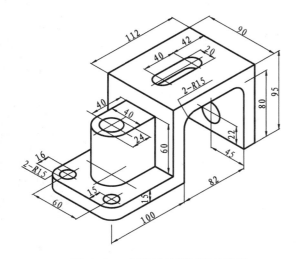

图 5.127 标注过渡椭圆弧的半径

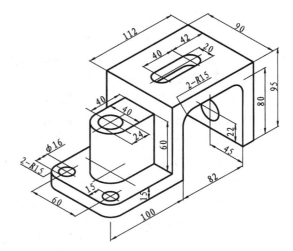

图 5.128 替代直径尺寸

课题二 绘制带有阵列的轴测图

【实例 5-7】 绘制图 5.129

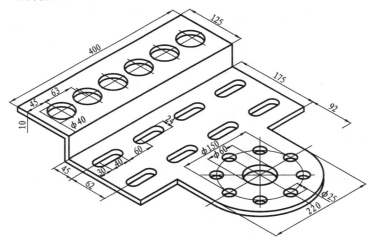

图 5.129 【实例 5-7】的图形

一、绘制过程

1. 建立新文件,设置图形界限

新建一个图形文件并设置图形界限。

2. 设置图层

(1)设置宽度为默认的细实线层。

(2)设置宽度为默认的点划线层。

(3)设置宽度为 0.3 mm 的粗实线层。

(4)把细实线层设为当前层。

3. 激活轴测投影模式

(1)依次单击"工具"、"草图设置",打开"草图设置"对话框。

(2)单击"捕捉与栅格"选项卡,选取"等轴测捕捉",激活轴测投影模式。

4. 勾选绘制本图形的特征点

(1)单击"草图设置"对话框中"对象捕捉"选项卡。

(2)勾选绘制本图形的主要特征点:"交点"、"端点"。

(3)关闭"草图设置"对话框。

(4)打开"对象捕捉"工具栏。

5. 绘制图形 A

(1)单击"极轴"、"对象捕捉"、"对象追踪",打开极轴追踪、自动捕捉、自动追踪功能。

(2)根据前面的知识,绘制图形 A,如图 5.130 所示。

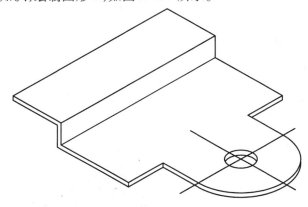

图 5.130　绘制图 A

6. 绘制 φ40 的圆孔

(1)按"F5"键,切换到"等轴测平面　上"。

(2)绘制 φ40 的左下角圆孔,调整中心线至适当位置,如图 5.131 所示。

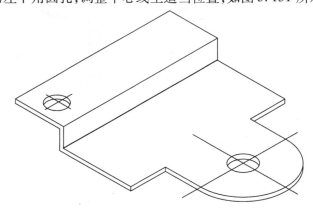

图 5.131　绘制 φ40 的左下角圆孔

(3)依次单击"修改"、"阵列",打开"矩形阵列"对话框。按图 5.132 所示,设置"矩形阵列"各项参数。

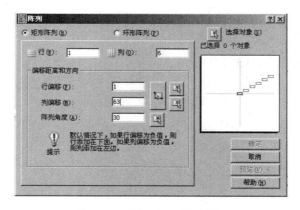

图 5.132　"矩形阵列"对话框

（4）单击"选择对象（S）"按钮，回到绘图界面，选取需阵列的对象（注意对象要选完），按回车键。

（5）单击"确定"按钮，如图 5.133 所示。

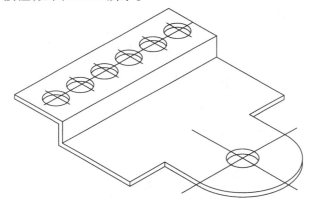

图 5.133　阵列 $\phi40$ 的圆孔

7. 绘制键槽

（1）绘制底面左下角的一个键槽，如图 5.134 所示。

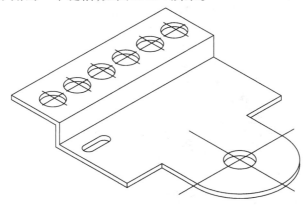

图 5.134　绘制底面左下角的键槽

（2）依次单击"修改"、"阵列"。打开"矩形阵列"对话框，设置"矩形阵列"各项参数。

（3）单击"选择对象（S）"按钮，回到绘图界面，选取需阵列的对象（注意对象要选完），按回车键。

（4）单击"确定"按钮，如图5.135所示。

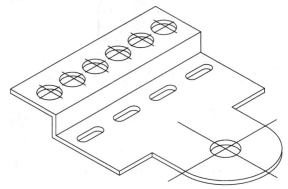

图5.135　"阵列"键槽

（5）复制另外4个键槽，如图5.136所示。

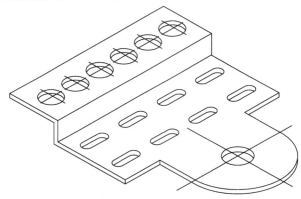

图5.136　复制4个键槽

8. 绘制 $\phi 24$ 的圆孔

（1）绘制环形阵列的定位线和一个 $\phi 24$ 的圆孔，如图5.137所示。

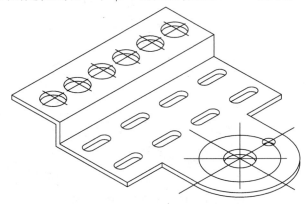

图5.137　绘制环形阵列的定位线和一个 $\phi 24$ 的圆孔

（2）复制 $\phi24$ 的圆孔，如图 5.138 所示。

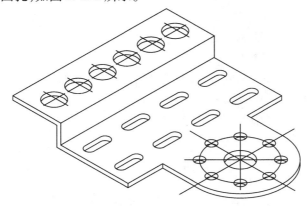

图 5.138　复制 $\phi24$ 的圆孔

9. 把图形放入图层

（1）检查图形是否绘制完毕，并插漏补缺，确保无误。

（2）把几何图形放入相应的图层，如图 5.139 所示。

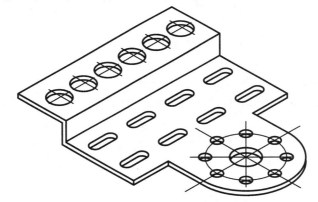

图 5.139　把几何图形放入相应的图层

二、标注尺寸

1. 建立文字样式

（1）建立名称为"样式 1"的文字样式，倾斜角度为 30°，在"字体"框中，设定"gbenor. shx"和"gbcbig. shx"。

（2）建立名称为"样式 2"的文字样式，倾斜角度为 −30°，在"字体"框中，设定"gbenor. shx"和"gbcbig. shx"。

2. 建立标注样式

（1）建立名称为"DIM-1"的尺寸标注样式，并且"DIM-1"连接"样式 1"的文字样式。

（2）建立名称为"DIM-2"的尺寸标注样式，并且"DIM-2"连接"样式 2"的文字样式。

3. 勾选标注尺寸所需的主要特征点

打开"草图设置"对话框，单击"对象捕捉"选项卡，勾选标注尺寸所需的主要特征点：交点、圆心。

4. 标注原始尺寸

（1）标注上面的原始尺寸。

①按"F5"键，切换到"等轴测平面　上"。

②把"DIM-2"设置为当前样式。

③运用"对齐"命令，分别标注上面与 X 轴平行的原始尺寸。

④把"DIM-1"设置为当前样式。

⑤运用"对齐"命令，分别标注上面与 Y 轴平行的原始尺寸。

（2）标注左面的原始尺寸。

①按"F5"键，切换到"等轴测平面　左"。

②把"DIM-1"设置为当前样式。

③运用"对齐"命令，分别标注左面与 Z 轴平行的原始尺寸。

5. 修改尺寸界线的倾斜角度

（1）按"F5"键，切换到"等轴测平面　上"。

（2）修改上面与 X 轴平行的尺寸界线的倾斜角度。

①在命令行中，输入："dimfdit"命令，回车。

②输入字母："O"，回车。

③选取上面与 X 轴平行的所有尺寸，回车。

④输入倾斜角度："-30"，回车。

（3）修改上面与 Y 轴平行的尺寸界线的倾斜角度。

①在命令行中，输入："dimfdit"命令，回车（因接上步，该步骤也可用"回车"来完成）。

②输入字母："O"，回车。

③选取上面与 Y 轴平行的所有尺寸，回车。

④输入倾斜角度："30"，回车。

（4）修改左面尺寸界线的倾斜角度

①按"F5"键，切换到"等轴测平面　左"。

②修改左面与 Z 轴平行的尺寸界线的倾斜角度。

③在命令行中，输入："dimfdit"命令，回车。

④输入字母："O"，回车。

⑤选取左面与 Z 轴平行的所有尺寸，回车。

⑥输入倾斜角度："-30"，回车。

6. 替代直径尺寸

采用"文字替代"的方式，把直径尺寸转换为符合《机械制图》的尺寸标注。

7. 调整尺寸位置，检查尺寸

（1）调整尺寸位置，使标注的尺寸符合《机械制图》的要求。

（2）检查所标尺寸有无遗漏或多余，确保无误，如图 5.129 所示。

8. 保存、关闭图形

移动图形至绘图区域合适的位置。存盘后关闭该图形。

【自己动手5-11】　绘制【实例5-7】的图形，并标注尺寸。

【自己动手5-12】 绘制图5.140,并标注尺寸。
【自己动手5-13】 绘制图5.141,并标注尺寸。
【自己动手5-14】 绘制图5.142,并标注尺寸。
【自己动手5-15】 绘制图5.143,并标注尺寸。

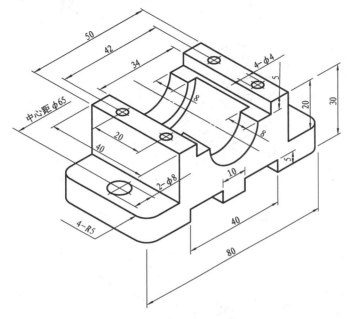

图5.140 【自己动手5-12】的图形

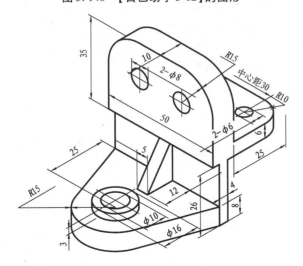

图5.141 【自己动手5-13】的图形

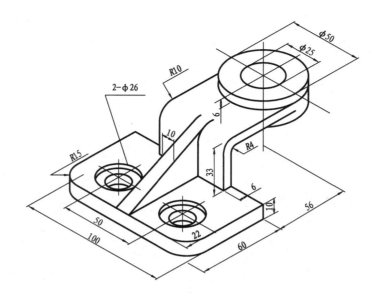

图 5.142 【自己动手 5-14】的图形

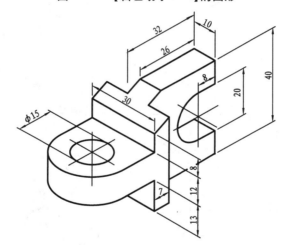

图 5.143 【自己动手 5-15】的图形

项目六　AutoCAD 三维造型简述

项目内容

1.AutoCAD 中基本几何体的实体造型
2.拉伸、旋转实体对象的创建
3.运用布尔运算操作,创建组合实体对象
4.基本三维操作工具的使用
5.视图的着色

项目目的

1.熟悉 AutoCAD 三维造型工作环境
2.掌握 AutoCAD 三维造型的基本方法
3.掌握视图着色的方法

项目实施过程

任务一　基本几何实体造型

课题一　长方体、球体、圆柱体

一、长方体造型实例

【实例 6-1】　绘制图 6.1 所示的长方体实体

1.进入三维视图空间

打开 AutoCAD 2006,依次单击"视图"、"三维视图、东北等轴测"视图,如图 6.2 所示。

2.绘制长方体实体

(1)观察图形。实体是一个长为 50,宽为 25,高为 60 的长方体。
(2)依次单击"绘图"、"实体"、"长方体",如图 6.3 所示。
提示:

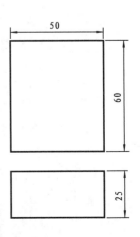

图6.1　长方体图样

●前面的图形都是在 2D 空间中进行的二维图形的绘制。实体造型对象可在三维空间中以任何方向进行旋转与观察。

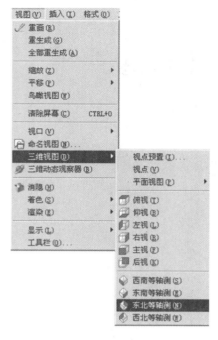

图 6.2　进入三维视图空间

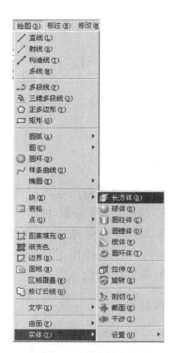

图 6.3　选取长方体

（3）在命令提示行中,输入坐标:"0,0,0",用于指定长方体的底面第一角点,如图6.4所示,回车。

（4）输入长方体底面的对角点的坐标:"@50,25",回车。

（5）输入长方体的高度:"60",指定长方体的高度,回车,如图 6.5 所示。完成长方体的绘制。

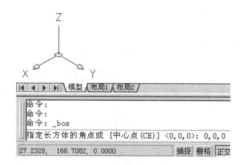

图6.4　指定长方体的底面第一角点

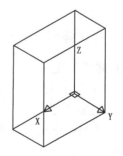

图 6.5　长方体的绘制

提示:

●依次单击"绘图"、"实体"、"长方体",也可以在命令行中输入"box"后,再"回车"。

●使用长方体命令时,指定好底面第一角点后,在命令提示行中,输入"L",回车后,可根据提示依次指定长方体的长度、宽度和高度,以此建立长方体实体。

●使用长方体命令时,指定好底面第一角点后,在命令提示行中,输入"C",回车后,可根据提示指定长度,指定参数进行长方体的实体造型。

3. 长方体的着色

着色是将当前视图中三维模型的各面,用单一颜色填充成明暗相间的图像,生成具有明暗效果的三维图形,产生出真实的图像。其具体操作步骤如下:

依次单击"视图"、"着色"、"体着色",如图 6.6 所示。结果如图 6.7 所示。完成长方体实体的着色。

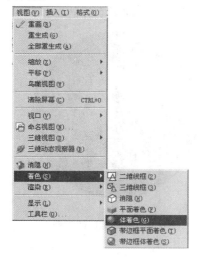

图 6.6　着色的操作

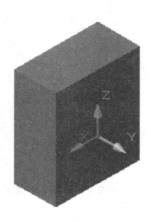

图 6.7　长方体的着色

提示:

"体着色"各选项含义如下:

● 二维线框(2D):显示对象时,使用直线和曲线来表示边界、光栅、线型,线宽可见。

● 三维线框(3D):显示对象时,使用直线和曲线表示边界。显示一个已着色的三维 UCS 图标、光栅、OLE 对象、线型,线宽不可见。

● 消隐(H):显示使用三维线框表示的对象,并隐藏表示后面的直线。

● 平面着色(F):着色多边形平面间的对象,此对象比体着色的对象平淡和粗糙。当对象进行平面着色时,将显示应用到对象的材质。

● 体着色(G):着色多边形平面间的对象,并平滑对象的边。着色的对象外观较平滑和真实。当对象进行体着色时,将显示应用到对象的材质。

● 带边框平面着色(L):将"平面着色(F)"和"线框"结合使用,被平面着色的对象将始终带边框显示。

● 带边框体着色(O):将"体着色"和"线框"结合使用。体着色的对象将始终带边框显示。

二、球体造型实例

【实例 6-2】　绘制直径为 50 的球体实体。

1. 进入三维视图空间

打开 AutoCAD 2006,依次单击"视图"、"三维视图"、"东北等轴测"视图。

2. 绘制球体实体

（1）依次单击"绘图"、"实体"、"球体"。

（2）输入球心位置的坐标："0,0,0"，回车。

（3）输入球的半径："25"，回车，回车。完成球体造型，如图 6.8 所示。

3. 球体的着色

依次单击"视图"、"着色"、"体着色"，结果如图 6.9 所示。完成球体实体的着色。

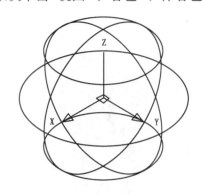

图 6.8　球体实体造型　　　　　　　　　　图 6.9　球体实体的着色

提示：

●依次单击"绘图"、"实体"、"球体"的操作，也可以在命令行中，输入"sphere"后，"回车"。

●执行球体命令后，默认输入球体的半径，如要输入球体直径，则需输入"d"选项。

三、圆柱体造型实例

【实例6-3】　绘制图 6.10 所示的圆柱体实体。

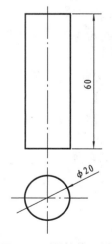
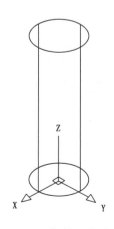

图 6.10　圆柱体图样　　　　图 6.11　圆柱体实体造型　　　图 6.12　圆柱体着色

1. 进入三维视图空间

打开 AutoCAD 2006，依次单击"视图"、"三维视图"、"东北等轴测"视图，进入三维视图空间。

2. 绘制圆柱体实体

(1)依次单击"绘图"、"实体"、"圆柱体"。

(2)输入圆柱体底面圆心位置的坐标"0,0,0",回车。

(3)输入底面圆的半径:"10",回车(或输入"D",回车,输入底面圆的直径20)。

(4)输入圆柱高度:"60",回车,如图6.11所示。完成圆柱体的造型。

3. 圆柱体的着色

依次单击"视图"、"着色"、"体着色",结果如图6.12所示。完成圆柱体的着色。

四、椭圆柱体造型

1. 绘制圆柱体实体

(1)依次单击"绘图"、"实体"、"圆柱体"。

(2)输入:"E",回车,进入椭圆柱的编辑,如图6.13所示。

(3)输入:"C",回车,选定中心点的方式绘制椭圆柱。如图6.14所示。

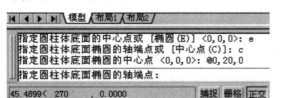

图6.13 进入椭圆柱的编辑 　　　　图6.14 选定中心点的方式绘制椭圆柱

(4)输入坐标:"0,0,0",回车,椭圆柱底面的中心指定到"0,0,0"点。

(5)输入椭圆的第一轴半径(如底面椭圆第一轴的半径为20,则输入:"@0,20,0"),回车,如图6.15所示。

(6)输入椭圆的第二轴半径(如底面椭圆第二轴的半径为40,则输入:"@40,0,0"),回车,如图6.16所示。

图6.15 指定椭圆的第一轴半径 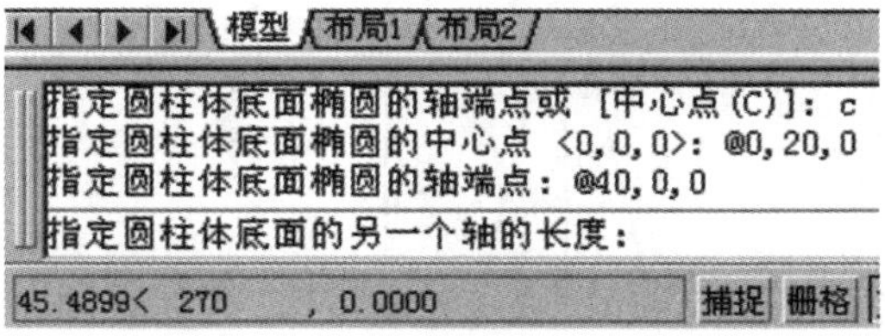　　　　图6.16 指定椭圆的第二轴半径

(7)输入椭圆柱的高度(如椭圆柱高为50,则输入50),回车,完成椭圆柱的实体造型,如图6.17所示。

2. 对椭圆柱着色

对椭圆柱进行着色,如图6.18所示。

【自己动手6-1】 绘制【实例6-1】的长方体实体。

【自己动手6-2】 绘制【实例6-2】的球体实体。

【自己动手6-3】 绘制【实例6-3】的圆柱体实体。

【自己动手6-4】 绘制图6.18所示的椭圆柱实体。

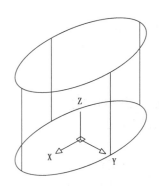

图 6.17　椭圆柱的实体造型

图 6.18　椭圆柱实体的着色

课题二　圆锥体、楔体、圆环体

一、圆锥体造型

【实例 6-4】　绘制图 6.19 所示的圆锥体实体。

1. 进入三维视图空间

打开 AutoCAD 2006,依次单击"视图"、"三维视图"、"东北等轴测"视图 。

2. 绘制圆锥实体

(1)依次单击"绘图"、"实体"、"圆锥体"。

(2)输入坐标:"0,0,0"(在坐标原点),确定圆锥体底面中心位置,回车。

(3)输入圆锥体底面的半径:"15",回车。

(4)输入圆锥体的高度:"60",回车,如图 6.20 所示。完成圆锥体的实体造型。

3. 圆锥体的着色

依次单击"视图"、"着色"、"体着色",结果如图 6.21 所示。完成圆锥体实体的着色。

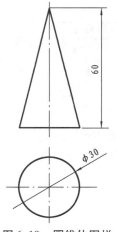

图 6.19　圆锥体图样

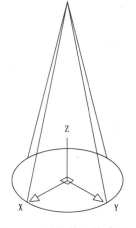

图 6.20　圆锥体实体造型

图 6.21　圆锥体着色

二、楔体造型

【实例 6-5】　绘制如图 6.22 所示的楔体实体。

1. 进入三维视图空间

打开 AutoCAD 2006,依次单击"视图"、"三维视图"、"东北等轴测"视图。

2. 绘制楔体实体

（1）依次单击"绘图"、"实体"、"楔体"。

（2）输入坐标："0,0,0"，指定楔体底面矩形起始角点，回车。

（3）输入："L"，选择指定输入楔体底面矩形的长度、宽度方式，回车。

（4）输入楔体底面矩形的长度："50"，回车。

（5）输入楔体底面矩形的宽度："40"，回车。

（6）输入楔体高度："80"，回车，如图 6.23 所示。

3. 圆锥体的着色

依次单击"视图"、"着色"、"体着色"，结果如图 6.24 所示。完成楔体实体的着色。

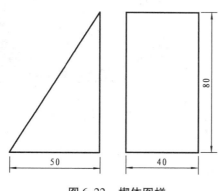

图 6.22　楔体图样

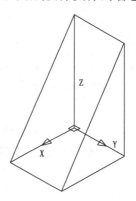

图 6.23　楔体实体造型

提示：

●输入楔形的长、宽、高时，可输入正值，也可输入负值。如果输入正值时，则沿着相应坐标轴的正方向生成楔形体，否则沿相应坐标轴的负方向生成楔形体。

三、圆环体造型

【实例 6-6】　绘制如图 6.25 所示的圆环实体。

图 6.24　楔体实体着色

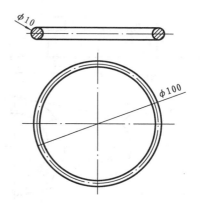

图 6.25　圆环图样

1. 进入三维视图空间

打开 AutoCAD 2006，依次单击"视图"、"三维视图"、"东北等轴测"视图 。

2. 绘制圆环实体

（1）依次单击"绘图"、"实体"、"圆环体"。

（2）输入坐标："0,0,0"，指定圆环体的中心位置，回车。

（3）输入圆环半径："50"，回车（或输入"D"后回车，输入圆环直径："100"，回车）。

（4）输入圆环截面半径："5"，回车（或输入"D"后回车，输入圆环截面直径："10"，回车），如图6.26所示。完成圆环实体的造型。

3. 圆环体的着色

依次单击"视图"、"着色"、"体着色"，结果如图6.27所示。完成圆环实体的着色。

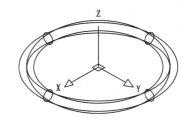

图6.26　圆环实体造型

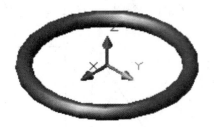

图6.27　圆环实体着色

【自己动手6-5】　绘制【实例6-4】的圆锥体实体。

【自己动手6-6】　绘制【实例6-5】的楔体实体。

【自己动手6-7】　绘制【实例6-6】的圆环体实体。

任务二　组合实体的造型

课题一　利用封闭多段线，创建拉伸实体

【实例6-7】　绘制图6.28所示的零件实体。

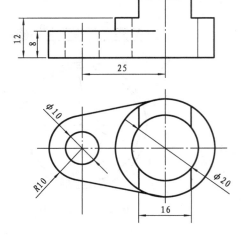

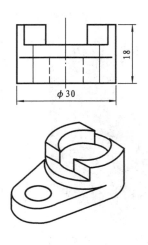

图6.28　零件实体图样

一、分析图样

实体是一个组合实体,实体造型从下往上,分成三部分,如图 6.29 所示。三部分造型完成后,利用布尔运算完成整个零件的三维造型。

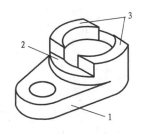

图 6.29　图样分成三部分

二、对第一部分造型

1. 进入三维视图空间

依次单击"视图"、"三维视图"、"东北等轴测"视图,进入三维视图空间。

2. 绘制图 6.30 所示的二维轮廓图形

按照绘制二维图形的方法,绘制图 6.30 所示的图形,如图 6.31 所示。

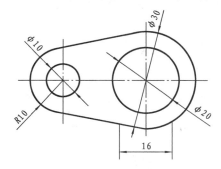

图 6.30　图形第一部分的图样

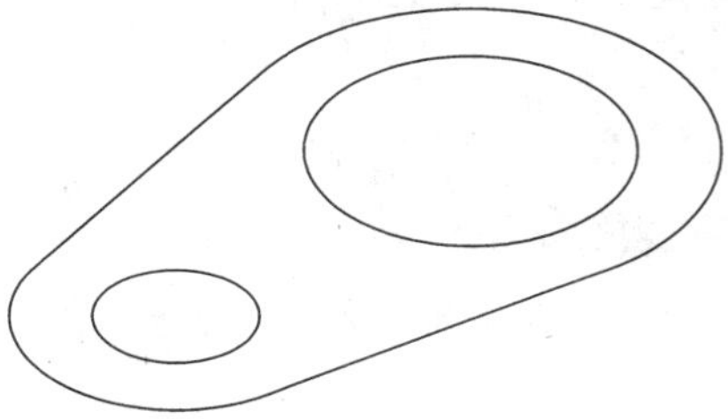

图 6.31　在"东北等轴测"视图中,绘制第一部分图形

3. 把绘制的轮廓线变为多段线

(1)依次单击"修改"、"对象"、"多段线"。

(2)任选一线段(也可选非线段),回车。

(3)输入字母:"J",回车。

(4)选取剩余的轮廓线,回车,按"Esc"退出。

完成多段线的转换,R10 圆弧、φ30 圆弧及两条切线被合并为一个整体。

提示:

> ●在使用拉伸命令,进行实体造型时,拉伸的对象必须是平面三维面、封闭的多段线、多边形、圆、椭圆、封闭的样条曲线、圆环和面域。因此,在二维轮廓绘制完成后,还要将组成轮廓的线素转换为封闭的多段线,或创建成面域。

4. 拉伸轮廓线,形成实体

(1)依次单击"绘图"、"实体"、"拉伸",如图 6.32 所示。

(2)单击刚创建的多段线,如图 6.33 所示,回车。

(3)输入拉伸的高度:"8",如图 6.34 所示,回车。

(4)输入拉伸的倾斜度:"0",如图 6.35 所示,回车。完成多段线的造型,如图 6.36 所示。

5. 拉伸 φ10 的圆,形成实体

同理,可对 φ10 的圆进行拉伸:拉伸高度为 8,倾斜度为 0,如图 6.37 所示。

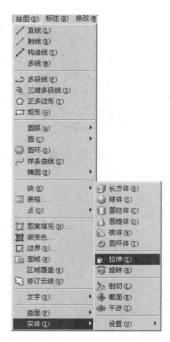

图 6.32 选取实体的拉伸命令

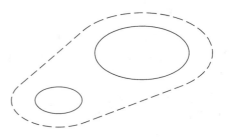

图 6.33 选取需拉伸的图形

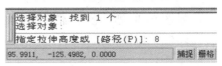

图 6.34 输入拉伸的高度

图 6.35 输入拉伸的倾斜度

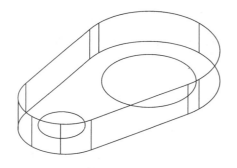

图 6.36 外面轮廓线的拉伸

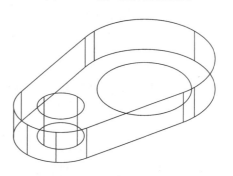

图 6.37 拉伸 $\phi10$ 的圆

提示：

● $\phi10$ 拉伸的高度要大于或等于外面轮廓线拉伸的高度，以下同。

● AutoCAD 的拉伸是指沿指定的高度及角度或沿指定的路径，拉伸平面，形成实体。可以拉伸闭合的对象，如多段线、多边形、矩形、圆、椭圆、闭合的样条曲线、圆环和面域。不能拉伸三维对象、包含在块中的对象、有交叉或横断部分的多段线，或非闭合的多段线。

● 指定高度时，输入一个正值，则沿正方向拉伸（通常是坐标系 Z 轴的正方向，即向外拉伸），输入一个负值，则沿负方向拉伸（向内拉伸）。

● 沿指定路径拉伸的操作步骤为：

①依次单击"绘图"、"实体"、"拉伸"，回车。

②选择要拉伸的对象，回车。

③输入字母："P"，选择路径选项，回车。

④单击拉伸的路径，回车，完成沿路径拉伸，形成实体如图6.38所示。

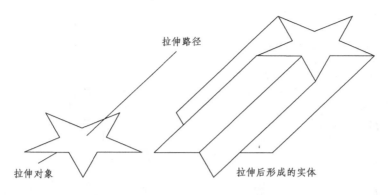

图 6.38　沿指定路径拉伸

6. 外轮廓实体上,挖出 $\phi10$ 的圆孔(布尔运算中的差集)

(1)依次单击"修改"、"实体编辑"、"差集",如图 6.39 所示。

(2)单击外轮廓实体(被减数),如图 6.40 所示,回车。

(3)单击 $\phi10$ 的圆柱,选取要挖去的实体(减数),如图 6.41 所示。回车,如图 6.42 所示。完成差集运算,在外轮廓实体上,挖出一个 $\phi10$ 的圆孔。

图 6.39　差集操作步骤

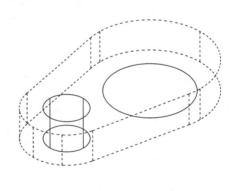

图 6.40　选取外轮廓实体

提示:

●拉伸操作后,形成了两个实体:外轮廓实体 1、$\phi10$ 的圆柱实体 2,如图 6.43 所示。实体 1 和实体 2 是两个独立的实体,零件是要求在实体 1 上挖出一个 $\phi10$ 的圆孔,即用实体 1 减去实体 2,形成一个新的组合体。AutoCAD 提供的布尔运算差集操作可完成此项任务。

7. 布尔运算的说明

布尔运算中的"并集"、"差集"和"交集"命令,用于创建组合实体。

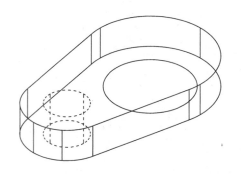

图 6.41　选择要减去的实体(ϕ10 的圆柱)

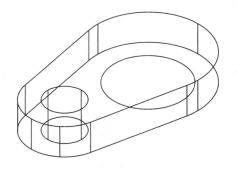

图 6.42　在外轮廓实体上,挖出 ϕ10 的圆孔

实体2

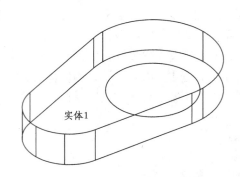

实体1

图 6.43　拉伸操作后,形成的两个实体

(1)并集。把图 6.44(a)所示的两个实体合二为一,形成一个新的实体,如图 6.44(b)所示。

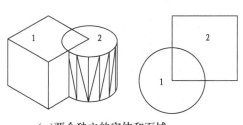

(a)两个独立的实体和面域

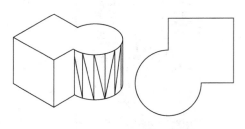

(b)并集后新的实体和面域

图 6.44　并集

①依次单击"修改"、"实体编辑"、"并集"。

②单击实体 1、实体 2,回车。完成实体 1、实体 2 的合并,形成一个新的实体。

(2)差集。如图 6.45(a)所示的两个实体:实体 1、实体 2,从实体 1 中,挖去实体 2 与实体 1 相交部分,形成一个新的实体,如图 6.45(b)所示。

①依次单击"修改"、"实体编辑"、"交集"。

②单击实体 1,回车。

③单击实体 2,回车。完成实体 1、实体 2 的差集运算。

(3)交集。如图 6.46(a)所示的两个实体:实体 1、实体 2,需要实体 1、实体 2 相交部分,形

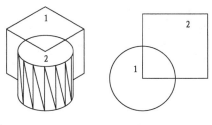

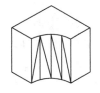

（a）两个独立的实体和面域	（b）差集后新的实体和面域

图6.45　差集

成一个新的实体,如图6.46(b)所示。

①依次单击"修改"、"实体编辑"、"交集"。

②单击实体1,单击实体2,回车。完成实体1、实体2的交集运算。

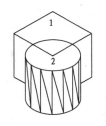

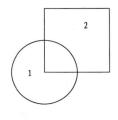

（a）两个独立的实体和面域	（b）交集后新的实体和面域

图6.46　交集

三、对第二部分造型

1.绘制 ϕ30 的圆

以 ϕ20 的圆心为圆心,绘制 ϕ30 的圆,如图6.47所示。

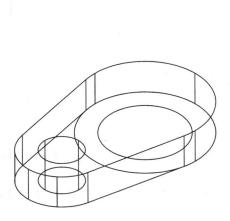

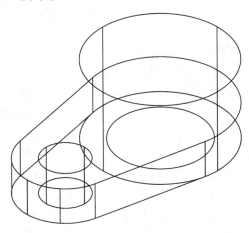

图6.47　绘制 ϕ30 的圆　　　　　图6.48　拉伸 ϕ30 的圆为圆柱实体

2.拉伸 ϕ30 的圆,成为圆柱实体

利用实体中的"拉伸"命令,拉伸 ϕ30 的圆为圆柱实体:高度为18,倾斜度为0,如图6.48

所示。

3. 拉伸 $\phi20$ 的圆,成为圆柱实体

利用实体中的"拉伸"命令,拉伸 $\phi20$ 的圆为圆柱实体:高度为 18,倾斜度为 0,如图 6.49 所示。

4. 布尔运算,成为整体

(1)依次单击"修改"、"实体编辑"、"并集"。

(2)单击第一部分实体、$\phi30$ 圆柱实体,回车。第一部分实体和 $\phi30$ 的圆柱实体成为整体,形成一个新的实体。

(3)依次单击"修改"、"实体编辑"、"差集"。

(4)单击刚形成的新实体,回车。

(5)单击 $\phi20$ 的圆柱实体,回车,如图 6.50 所示。从刚形成的新实体中,挖去了 $\phi20$ 的圆柱实体,又形成了一个新的实体。

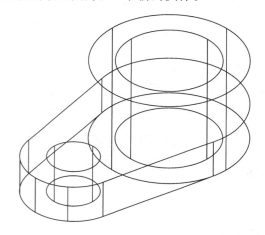
图 6.49 拉伸 $\phi20$ 的圆为圆柱实体

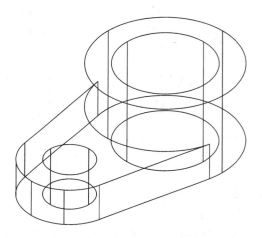
图 6.50 布尔运算,成为整体

四、对第三部分造型

1. 绘制图 6.51 所示的图形

在绘图界面上,绘制图 6.51 所示的图形,如图 6.52 所示。

2. 转为多段线

分别把几何图形 1、几何图形 2 转为多段线。

3. 拉伸几何图形

(1)利用实体中的"拉伸"命令,拉伸几何图形 1:高度为 6,倾斜度为 0。

(2)利用实体中的"拉伸"命令,拉伸几何图形 2:高度为 6,倾斜度为 0,如图 6.53 所示。

4. 移动实体

(1)利用"移动"命令,移动实体 1,实体 1 上面的圆心与圆 $\phi30$ 顶部的圆心重合。

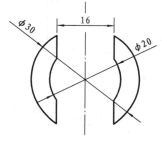
图 6.51 图样

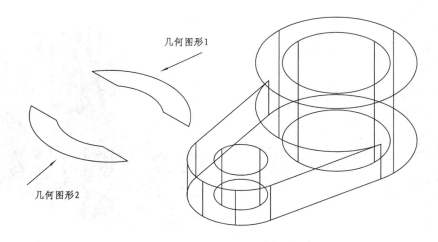

图 6.52　在绘图界面上绘制图 6.51 所示的图形

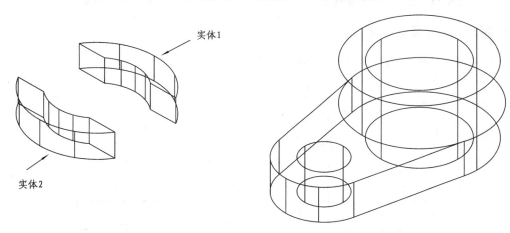

图 6.53　拉伸几何图形 1、几何图形 2

（2）利用"移动"命令,移动实体 2,实体 2 上面的圆心与圆 ϕ30 顶部的圆心重合,如图 6.54 所示。

5.挖去实体 1、实体 2

运用"差集"运算,挖去实体 1、实体 2,如图 6.55 所示。

五、实体的着色

依次单击"视图"、"着色"、"体着色",结果如图 6.56 所示。完成实体的着色。

【自己动手 6-8】　绘制【实例 6-7】的实体。

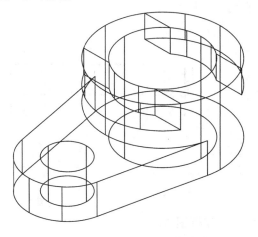

图 6.54　移动实体 1、实体 2

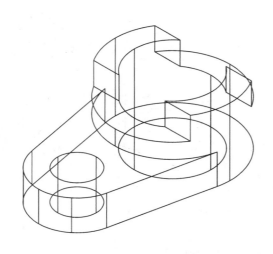

图 6.55　挖去实体 1、实体 2

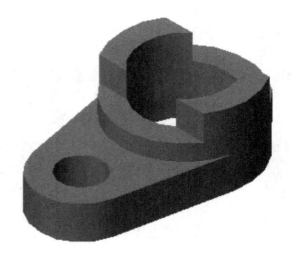

图 6.56　实体着色

课题二　利用面域创建拉伸实体

【实例 6-8】　绘制图 6.57 所示的零件实体。

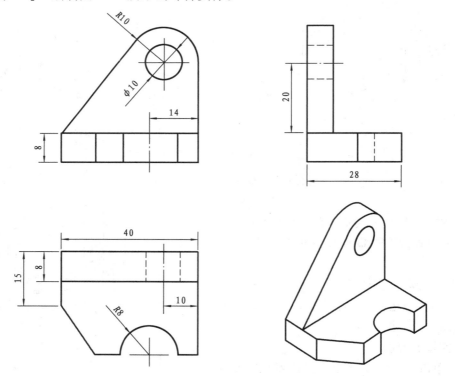

图 6.57　零件实体图样

一、分析图样

实体可分为上下两部分,即下部底块和上部背板两部分。在进行实体造型时,按从下向上的顺序,进行创建。

二、对第一部分造型

1. 进入三维视图空间

依次单击"视图"、"三维视图"、"东北等轴测"视图,进入三维视图空间。

2. 下部底块的三维实体造型

按照绘制二维图形的方法,绘制图 6.58 所示的图形,如图 6.59 所示。

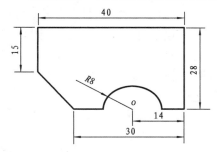

图 6.58 下部底块的图样

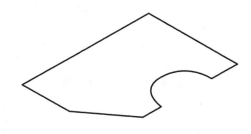

图 6.59 在"东北等轴测"视图中,绘制的图形

3. 建立面域

(1)依次单击"绘图"、"面域"。

(2)选取刚绘制的轮廓线,选择完成后回车,完成面域的建立。

4."面域"的说明

(1)"面域"概念。"面域"是一种比较特殊的二维对象,是由封闭边界所形成的二维封闭区域。对于已创建的面域对象,用户可以进行填充图案和着色等操作,还可分析面域的几何特性:如面积等或物理特性:如质心、惯性矩等。面域对象还支持布尔运算,即可以通过差集、并集或交集来创建组合面域。

(2)"面域"的构成。面域封闭区域可以由圆、椭圆、三维面、封闭的二维多义线及封闭的样条曲线围成的封闭区域构成,另外也可以由圆弧、直线、二维多义线、椭圆、椭圆弧、样条曲线等围成的首尾相连的封闭区域构成。

(3)"面域"命令只能通过平面闭合环来创建面域,即组成边界的对象或者是自行封闭的,或者是与其他对象有公共端点,从而形成封闭的区域,同时它们必须在同一平面上。如果对象内部相交而构成的封闭区,就不能使用"面域"命令生成面域,而可以通过 Boundary(边界创建)命令来创建,如图 6.60 所示。

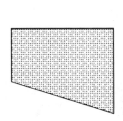

(a)可通过"region"命令直接创建面域

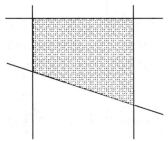

(b)只能通过"boundary"命令创建面域

图 6.60 创建面域的几何图形示例

（4）面域可以进行拷贝、移动等编辑操作，另外也可以拉伸或旋转形成三维实体。

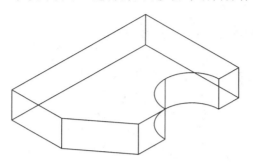

图 6.61　拉伸下部底块

5. 拉伸下部底块

（1）依次单击"绘图"、"实体"、"拉伸"。

（2）选取刚建立的面域，回车。

（3）输入下部底块的高度："8"，回车。

（4）输入下部底块的倾斜度："0"，回车（如提示默认为 0，可直接单击"回车"键），如图 6.61 所示。

三、上部背板的三维实体造型

1. 新建坐标系

（1）在命令提示行中，输入："UCS"，回车。

（2）输入字母："N"，选择"新建（N）"，回车。

（3）捕捉下部底块的右后上角点，如图 6.62 所示，单击左键，作为新的 UCS 坐标原点，如图 6.63 所示。

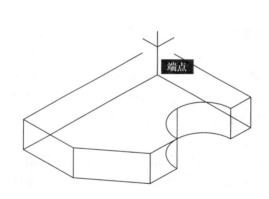

图 6.62　捕捉下部底块的右后上角点

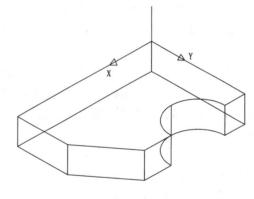

图 6.63　以下部底块的右后上角点为坐标原点

（4）将 UCS 坐标绕 X 轴旋转 90°

①在命令提示行中，输入："UCS"，回车。

②输入字母："N"，选择"新建（N）"，回车。

③输入旋转轴："X"，回车。

④输入旋转角度："90"，回车，如图 6.64 所示。

2. 在新建的 XOY 平面上，绘制上部背板轮廓。

按照绘制二维图形的方法，绘制图 6.65 所示的图形，如图 6.66 所示。

提示：

●图 6.66 所示图形的底边线一定要绘制。

3. 建立面域

（1）依次单击"绘图"、"面域"。

（2）依次单击图 6.66 所示的上部背板轮廓线（底边线要选择），选择完成后回车，完成面域的建立。

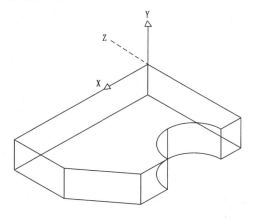

图 6.64 将 UCS 坐标绕 X 坐标轴旋转 90°

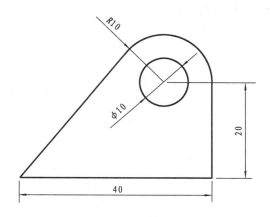

图 6.65 上部背板轮廓图样

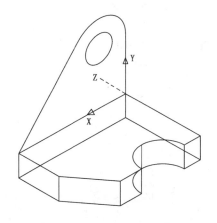

图 6.66 在 XOY 平面上,绘制上部背板轮廓

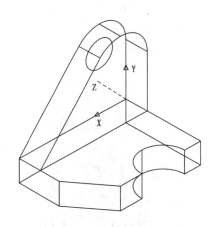

图 6.67 拉伸上部背板

4.拉伸上部背板

(1)依次单击"绘图"、"实体"、"拉伸"。

(2)单击刚创建的上部背板轮廓线面域。

(3)输入上部背板的拉伸长度:"-8",回车。

(4)输入上部背板的倾斜度:"0",回车(如提示默认为 0,可直接点击回车键),如图 6.67 所示。完成上部背板的三维造型。

(5)同理,拉伸 φ10 的孔,如图 6.68 所示。

提示:

●沿 Z 轴负方向拉伸,所以拉伸长度输入负数。

四、布尔运算

1.上部背板与 φ10 的圆柱

运用布尔运算中的"差集"运算,从上部背板中挖去 φ10 的圆柱。

2. 上部背板与下部底块

运用布尔运算中的"并集"运算,上部背板与下部底块合成一个整体,如图 6.69 所示。

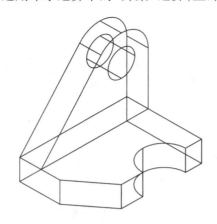

图 6.68　拉伸 φ10 的孔

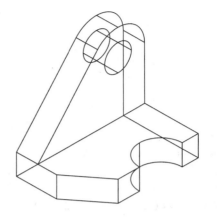

图 6.69　合成一个整体

五、实体的着色

依次单击"视图"、"着色"、"体着色",结果如图 6.70 所示。完成实体的着色。

图 6.70　实体着色

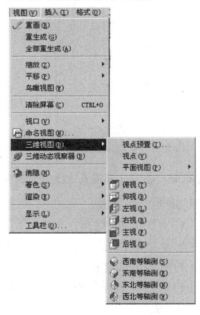

图 6.71　从"三维视图"下拉菜单中选取

六、观察实体的方法

实体造型完成后,需要从各个不同的角度方向去观察创建的三维实体,以便于观察实体不同面的形状。

1. 在"三维视图"下拉菜单中选取

单击"视图"、选取"三维视图",单击"三维视图"下拉菜单中的选项:仰视、俯视、左视、右视、西南等轴测、东南等轴测等,选择不同的特定方位视图观察实体,如图 6.71 所示。

2. 将建好的实体放置到屏幕中部的方法

（1）在命令提示行中：输入："Zoom"，回车，调用窗口缩放命令。

（2）输入："A"，回车。选择全部选项，将建好的实体放置到屏幕中部，如图 6.72 所示。

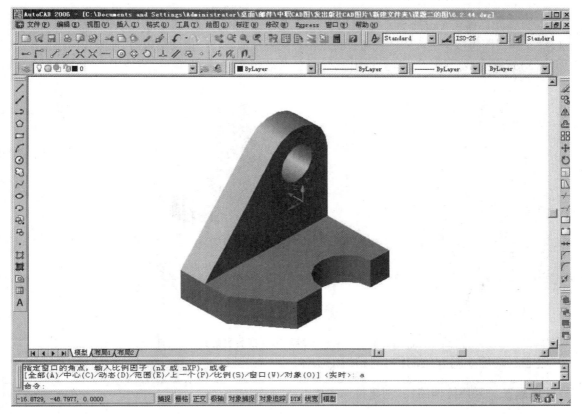

图 6.72　将建好的实体放置到屏幕中部

3. 运用"三维动态观察器"观察实体

运用"三维动态观察器"，利用鼠标来实时地控制和改变视图方向，以得到不同的观察效果，其具体操作步骤如下：

（1）依次单击"视图"、"三维动态观察器"，启用"三维动态观察器"观察实体，如图 6.73 所示。屏幕上将显示一个弧线球：由一个大圆和四个象限上的小圆组成，弧线球的中心即为目标点。在"三维动态观察器"中，查看的目标点被固定。用户可以利用鼠标来控制观察位置绕对象移动，以得到动态的观察效果。视图的旋转由光标的外观和位置决定，具体说：

①光标在转盘内部时的外观，此时用户单击并拖动光标，可自由移动对象。其效果就像光标抓住环绕对象的球体，并围绕目标点进行拖动一样。用此方法可以水平、垂直或对角拖动。

②光标在转盘外部时的外观，此时用户单击并在转盘的外部拖动光标，这将使视图围绕延长线通过转盘的中心并垂直于屏幕的轴旋转。这种操作称为"卷动"。

③如果将光标拖到转盘内部，则将变为上一种形式，并且视图可以自由移动。如果将光标移回转盘外部，则返回卷动状态。

④光标在转盘左右两边的小圆上时的外观，从这些点开始单击并拖动光标，将使视图围绕

通过转盘中心的垂直轴旋转。

　　⑤光标在转盘上下两边的小圆上时的外观,从这些点开始单击并拖动光标,将使视图围绕通过转盘中心的水平轴旋转。

　　(2)将光标移至左边的小圆上,此时光标外观将变为[图标]的形式。点住鼠标左键不放,进行拖动,实体视图将按指定方向围绕通过转盘中心的垂直轴旋转。拖动结束后,视图转动停止。

　　(3)观察完成后按"Esc"键,退出三维动态观察器。

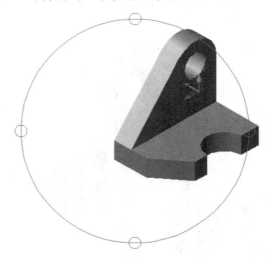

图 6.73　启用三维动态观察器观察实体

【自己动手6-9】　绘制【实例6-8】的实体。

课题三　采用拉伸路径,创建拉伸实体

【实例6-9】　绘制图6.74所示的零件实体。

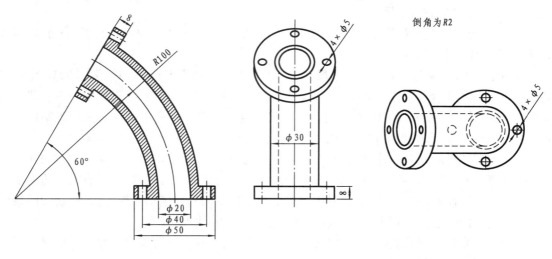

图 6.74　零件实体图样及立体示意图

214

一、分析图样

观察零件图,在进行实体造型时,依次对底部直径为 50、高为 8 的圆柱,直径为 30 的弯圆柱,内部直径为 20 的弯圆柱,顶部直径为 50、高为 8 的圆柱,进行造型。

二、绘制角度为 60°半径为 $R100$ 的圆弧线段

$R100$ 圆弧段是零件的中心线,也是造型时的拉伸路径,本实例造型的关键就在于这段圆弧线段,它的绘制过程是:

1. 进入三维后视图

依次单击"视图"、"三维视图"、"后视",进入三维后视图。

2. 绘制 $R100$ 的圆

以原点为圆心(输入坐标:"0,0",以下同),绘制 $R100$ 的圆,如图 6.75 所示。

3. 绘制两条直线

(1)以原点为起点,绘制长度为 200 的水平线。

(2)以原点为起点,绘制终点坐标为"@200<60"的角度线,如图 6.76 所示。

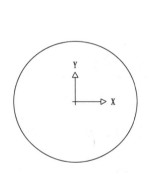

图 6.75　绘制 $R100$ 的圆

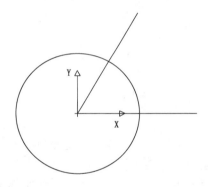

图 6.76　绘制两条直线

4. 保留两条直线之间的圆弧

使用"修剪"、"删除"命令,保留两条直线之间的圆弧,如图 6.77 所示。

图 6.77　保留两条直线之间的圆弧

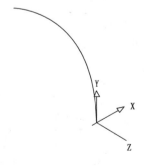

图 6.78　以 $R100$ 圆弧的起点为用户坐标原点

5. 进入"东北等轴测"视图空间,调整坐标系

(1)依次单击"视图"、"三维视图"、"东北等轴测",进入三维视图空间。

(2)对坐标进行调整:

①输入:"UCS"命令,回车。

②输入:"N",回车,新建一个用户坐标系。

③捕捉 R100 圆弧段的起点,将用户坐标原点放到 R100 圆弧的起点处,回车,如图 6.78 所示。

④输入:"UCS"命令,回车。

⑤输入:"N",回车。

⑥输入旋转轴:"X",回车。

⑦输入旋转角度:"-90"。将用户坐标沿 X 轴旋转 -90°,如图 6.79 所示。

三、对零件底部直径为 50、高为 8 的圆柱进行实体造型

1. 绘制 R25、R20 的两个圆

以原点为圆心,绘制 R25、R20 的两个圆,如图 6.80 所示。

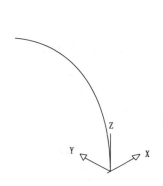

图 6.79　将用户坐标沿 X 轴旋转 -90°　　　图 6.80　绘制 R25、R20 的圆

2. 绘制出一条水平辅助线

以原点为直线起点,绘制长度为 26 的水平辅助线,如图 6.81 所示。

3. 绘制 $\phi 5$ 的圆

(1)以水平辅助线与 R20 圆的交点为圆心,绘制 $\phi 5$ 的圆。

(2)删除 $\phi 40$ 圆与水平辅助线,如图 6.82 所示。

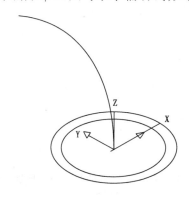
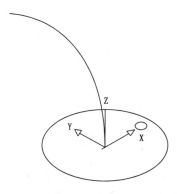

图 6.81　绘制水平辅助线　　　　　图 6.82　绘制 $\phi 5$ 的圆

4. 拉伸 $\phi 50$、$\phi 5$ 的圆

运用实体"拉伸"命令,拉伸 $\phi 50$、$\phi 5$ 的圆:拉伸高度为 8,拉伸角度为 0,如图 6.83 所示。

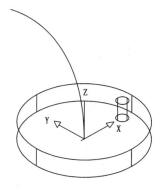

图 6.83　拉伸 φ50、φ5 的圆

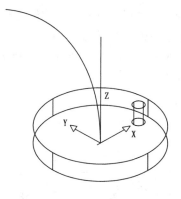

图 6.84　绘制一条与 Z 轴重合的辅助直线

5. 绘制一条与 Z 轴重合的辅助直线

绘制一条以原点为起点,长度为 50,与 Z 轴重合的辅助直线,如图 6.84 所示。

6. 对 φ5 的圆柱进行阵列

(1)依次单击"修改"、"三维操作"、"三维阵列"。

(2)单击 φ5 的圆柱,作阵列对象,如图 6.85 所示,回车。

(3)输入:"P",选取环形阵列,回车。

(4)输入阵列数目:"4",回车。

(5)输入阵列填充的角度:"360",回车。

(6)选择旋转阵列对象:输入"Y",回车。

(7)指定阵列中心点的起点:与 Z 轴重合的辅助直线的起点,回车。

(8)指定旋转轴的第二点:与 Z 轴重合的辅助直线的终点,回车,完成 φ5 圆柱的阵列,如图 6.86 所示。

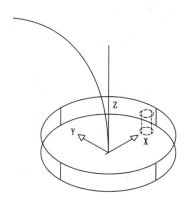

图 6.85　选取 φ5 的圆柱

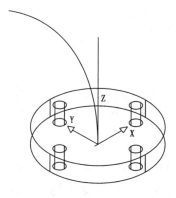

图 6.86　阵列 φ5 的圆柱

7. 从 R25 的圆柱中挖掉 4 个孔

(1)运用布尔运算中的"差集"运算,从 R25 的圆柱中挖掉 4 个孔。

(2)删除辅助线,完成底部直径为 50、高为 8 的圆柱的实体造型,如图 6.87 所示。

四、对 $\phi30$ 的弯圆柱、$\phi20$ 的弯圆柱进行实体造型

1. 绘制 $\phi30$、$\phi20$ 的圆

以 $R100$ 圆弧段起点为圆心,绘制 $\phi30$、$\phi20$ 的圆,如图 6.88 所示。

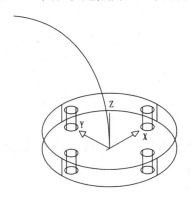

图 6.87　从 $R25$ 的圆柱中挖掉 4 个孔　　　　图 6.88　绘制的 $\phi30$、$\phi20$ 圆

2. 拉伸 $\phi30$、$\phi20$ 的圆

(1)依次单击"绘图"、"实体"、"拉伸"。

(2)单击 $\phi30$ 圆和 $\phi20$ 圆作为要拉伸的对象,如图 6.89 所示,回车。

(3)输入字母:"P",选择拉伸的路径,回车。

(4)单击 $R100$ 圆弧段,作为拉伸路径,完成该部分实体造型,如图 6.90 所示。

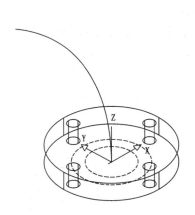

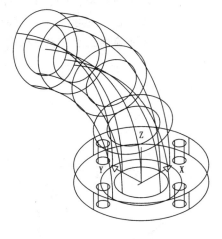

图 6.89　选取 $\phi30$ 圆和 $\phi20$ 圆　　　　图 6.90　拉伸 $\phi30$ 圆和 $\phi20$ 的圆

五、对顶部 $\phi50$、高 8 的圆柱进行实体造型

1. 对坐标系进行调整

(1)将坐标系恢复至世界坐标系

①输入:"UCS"命令,回车。

②输入:"W",回车,将坐标恢复至世界坐标系。

(2)新建坐标系

①输入:"UCS"命令,回车。

②输入："N",回车,执行新建选项。

③捕捉 $R100$ 圆弧段终点,作为新的用户坐标原点,回车,如图 6.91 所示。

(3)将坐标系的 Y 轴旋转 60 度

①输入："UCS"命令,回车。

②输入："N",回车,执行新建选项。

③输入旋转轴："Y",回车。

④输入旋转角度："60",回车,如图 6.92 所示。

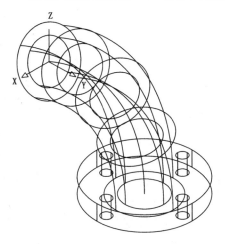

图 6.91 $R100$ 圆弧段终点作为新的
用户坐标原点

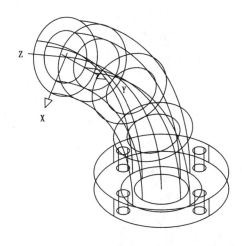

图 6.92 将 XY 平面旋转 $60°$,与 $\phi30$ 的
弯圆柱的顶面重合

2. 绘制 $\phi40$、$\phi50$ 圆

以原点为圆心,绘制 $\phi40$、$\phi50$ 的两个圆,如图 6.93 所示。

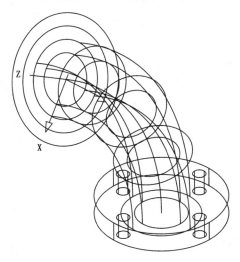

图 6.93 绘制的 $\phi40$、$\phi50$ 圆

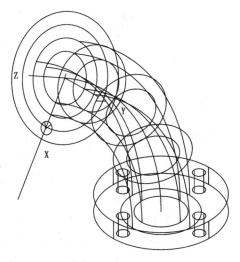

图 6.94 绘制辅助线

219

3. 绘制出一条辅助线

以原点为直线起点,指定直线终点坐标为:"@ 50 , 0",回车,完成辅助直线的绘制,如图6.94所示。

4. 绘制 $\phi 5$ 的圆

(1)以刚绘制的辅助线与 $\phi 40$ 圆的交点为圆心,绘制 $\phi 5$ 圆。

(2)删除 $\phi 40$ 圆与水平辅助线,如图 6.95 所示。

5. 对 $\phi 5$ 的圆进行阵列

(1)依次单击"修改"、"阵列"。

(2)单击 $\phi 5$ 圆,作为阵列对象,回车。

(3)输入:"P",选取环形阵列,回车。

(4)输入阵列数目:"4",回车。

(5)输入阵列填充的角度:"360",回车。

(6)指定阵列中心点:捕捉 $\phi 50$ 圆的圆心,回车,如图 6.96 所示。完成环形阵列。

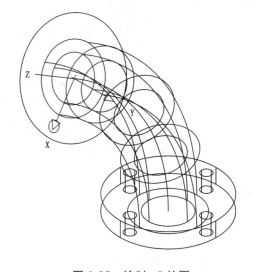

图 6.95　绘制 $\phi 5$ 的圆

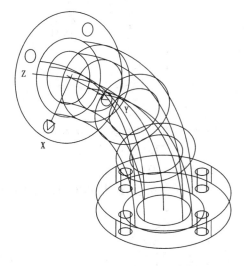

图 6.96　对 $\phi 5$ 的圆进行阵列

6. 创建面域

(1)依次单击"绘图"、"面域"。

(2)单击 $\phi 50$ 的圆及 4 个 $\phi 5$ 的圆,回车,创建 5 个面域。

7. 从 $\phi 50$ 的圆中挖掉 4 个 $\phi 5$ 的圆。

运用布尔运算中的"差集"运算,从 $\phi 50$ 的圆中挖掉 4 个 $\phi 5$ 的圆。

8. 拉伸 $\phi 50$ 的圆

(1)依次单击"绘图"、"实体"、"拉伸"。

(2)单击 $\phi 50$ 的圆,选取刚建好的面域为拉伸对象,回车。

(3)输入拉伸高度:" -8"(沿 Z 轴负方向),回车。

(4)输入拉伸角度:"0",回车,如图 6.97 所示。完成对象拉伸。

六、布尔运算

1. 两个 φ50 的圆柱台和 φ30 的弯圆柱的合成

运用布尔运算中的"并集"运算,完成两个 φ50 的圆柱台和 φ30 的弯圆柱的合成。

2. 从整体中挖去 φ20 的弯圆柱

运用布尔运算中的"差集"运算,整体中挖去 φ20 的圆柱。

七、实体的着色

依次单击"视图"、"着色"、"体着色",结果如图 6.98 所示。完成实体的着色。

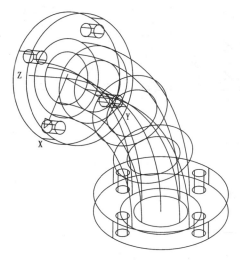

图 6.97　拉伸 φ50 的圆

图 6.98　实体的着色

【自己动手 6-10】　绘制【实例 6-9】的实体。

课题四　旋转实体造型

【实例 6-10】　绘制图 6.99 所示的零件实体。

一、分析图样

该零件属回转体零件,如果采用拉伸造型,步骤较多,且需频繁改动用户坐标系,AutoCAD 针对回转体类零件提供了旋转造型工具,本零件采用旋转造型的方法造型。

二、绘制旋转截面

1. 进入三维视图空间

依次单击"视图"、"三维视图"、"东北等轴测"视图,进入三维视图空间。

2. 绘制回转零件的旋转截面

根据图 6.99 所示的尺寸,在"东北等轴测"视图中绘制图 6.100 所示的旋转截面,如图 6.101 所示。

3. 建立面域

(1)依次单击"绘图"、"面域"。

(2)选取刚绘制的几何图形,选择完成后回车,完成面域的建立。

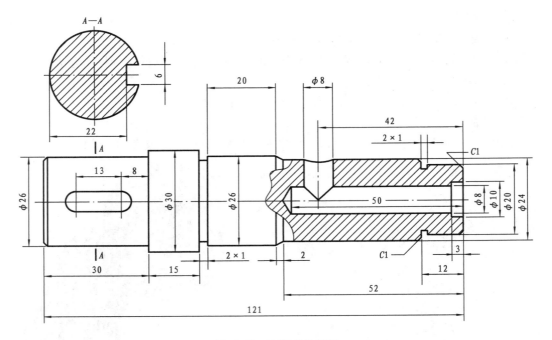

图 6.99　零件实体图样

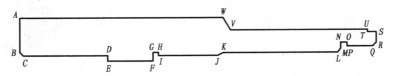

图 6.100　截面几何图形

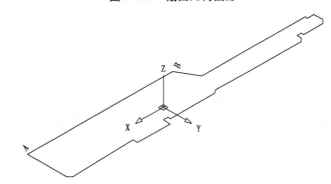

图 6.101　在"东北等轴测"视图中,绘制的旋转截面

4.创建旋转实体

(1)依次单击"绘图"、"实体"、"旋转"。

(2)单击创建的旋转截面面域,回车。

(3)选取旋转轴,以直线 AB 为旋转轴。

①捕捉点 A 为旋转轴的第一点。

②捕捉点 B 为旋转轴的另一端点。

（4）输入旋转角度："360"，回车，如图 6.102 所示。完成旋转实体造型。

（5）造型时，为了方便观察零件内部的结构，将旋转角度设为 270°，如图 6.103 所示。

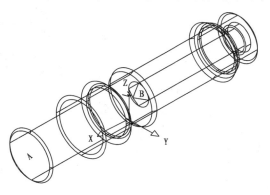

图 6.102　旋转实体造型

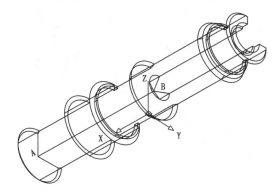

图 6.103　旋转角度为 270°的实体造型

三、ϕ8 直孔的造型

1. 分析

ϕ8 直孔的位置距右端面 42，在造型时，首先要在轴线位置作一个 ϕ8 的二维轮廓圆，然后向外拉伸，最后作布尔运算。

2. 新建坐标系

（1）在命令提示行中，输入："UCS"，回车。

（2）输入字母："N"，回车。

（3）捕捉实体最左端的圆心为新的 UCS 坐标原点，如图 6.104 所示。

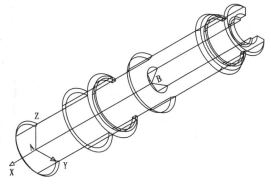

图 6.104　以最左端的圆心为新的 UCS 坐标原点

图 6.105　坐标系沿 X 负方向移动 79

（4）在命令提示行中，输入"UCS"，回车。

（5）输入字母："M"，选择"移动（M）"，回车。

（6）输入移动坐标："@-79,0"，将坐标系沿 X 负方向移动 79，回车，如图 6.105 所示。

3. 绘制 ϕ8 的圆，并拉伸成实体

（1）在坐标原点，绘制 ϕ8 的圆，如图 6.106 所示。

（2）依次单击"绘图"、"实体"、"拉伸"，执行拉伸命令。

（3）单击 ϕ8 圆，将 ϕ8 圆作为拉伸对象，回车。

（4）输入拉伸高度："20"，回车。

（5）输入拉伸斜度："0"，回车，完成圆柱拉伸，如图 6.107 所示。

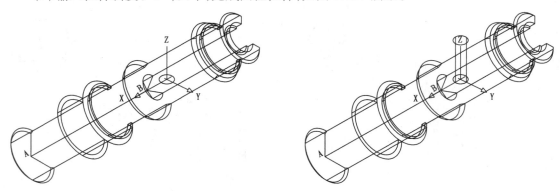

图 6.106 绘制 $\phi8$ 的圆   图 6.107 拉伸 $\phi8$ 的圆

（6）运用布尔运算中的"差集"运算，从整体中挖去 $\phi8$ 的圆柱，如图 6.108 所示。

四、键槽的造型

1. 新建坐标系

（1）在命令提示行中，输入："UCS"，回车。

（2）输入字母："N"，回车。

（3）捕捉实体最左端的圆心为新的 UCS 坐标原点。

（4）在命令提示行中，输入："UCS"，回车。

（5）输入字母："M"，选择"移动（M）"，回车。

（6）输入移动坐标："@-9,9,0"，将坐标系沿 X 负方向移动 9，沿 Y 的正方向移动 9，回车，用以确定键槽左边圆弧的圆心位置，如图 6.109 所示。

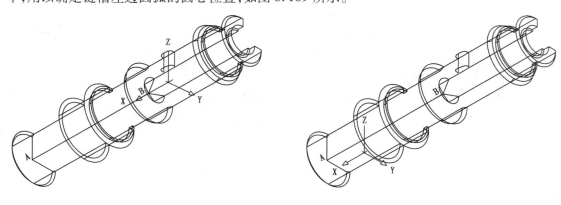

图 6.108 从整体中挖去 $\phi8$ 的圆柱   图 6.109 确定键槽左边圆弧的圆心位置

（7）在命令提示行中，输入："UCS"，回车。

（8）输入字母："N"，回车。

（9）输入旋转轴："X"，回车，选择坐标系绕 X 轴旋转。

（10）输入旋转角度："-90"，改变 XY 平面的方向，如图 6.110 所示。

2. 绘制键槽

（1）以坐标原点为圆心，绘制 *R*3 的圆。

（2）绘制键槽的另一个圆。运用"复制"命令，复制 *R*3 的圆于坐标"@ −13,0"处。

（3）绘制圆弧的上下两条切线，完成切线后，修剪成所需要的轮廓，如图 6.111 所示。

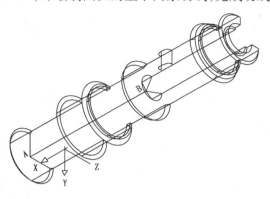

图 6.110　坐标系绕 *X* 轴旋转 −90

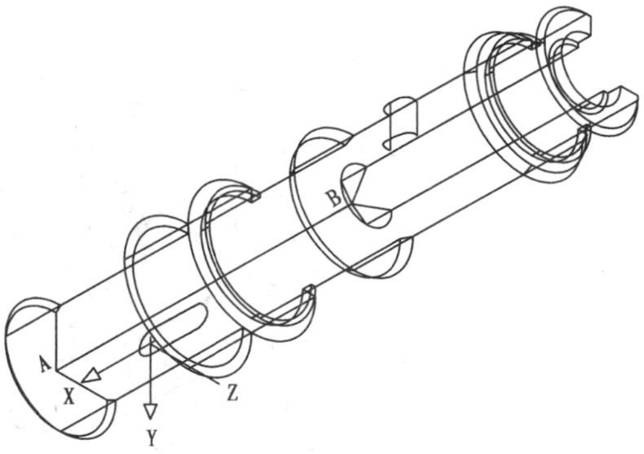

图 6.111　绘制键槽

3. 拉伸键槽

（1）创建键槽面域。

（2）拉伸键槽。拉伸高度为 10，拉伸斜度为 0。

（3）运用布尔运算中的"差集"运算，从整体中挖去键槽的圆柱，如图 6.112 所示。

五、实体的着色

依次单击"视图"、"着色"、"体着色"，结果如图 6.113 所示。完成实体的着色。

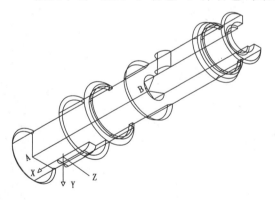

图 6.112　键槽的造型

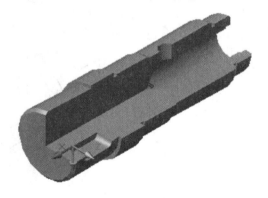

图 6.113　实体的着色

【自己动手 6-11】　绘制【实例 6-10】的实体。

【自己动手 6-12】　如图 6.114 所示，绘制其实体。

【自己动手 6-13】　如图 6.115 所示，绘制其实体。

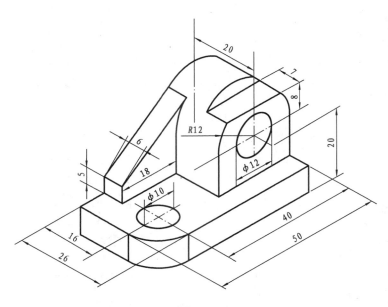

图 6.114

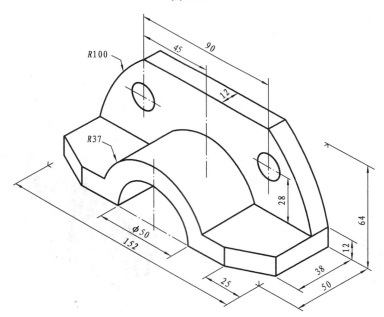

图 6.115

项目七 AutoCAD 图形的输出与打印简述

项目内容

AutoCAD 图形的打印

项目目的

掌握图形打印的基本方法

项目实施过程

任务 零件图样的打印

【实例7-1】 使用 A4 图幅,打印图 7.1 所示的图形(在绘制该图形时,已设好图形界限为 A4 幅面)。

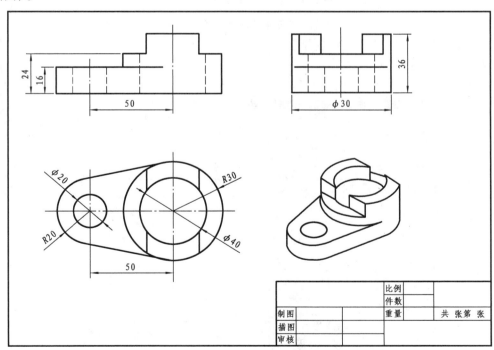

图 7.1 打印的图样

一、分析

在 AutoCAD 中,用户可以在模型空间或布局中调用打印命令来打印图形。

二、模型空间中打印图形的基本操作

1.打开"页面设置管理器"

(1)打开要打印的文件。

(2)依次单击"文件"、"页面设置管理器",弹出"页面设置管理器"对话框,如 7.2 所示。

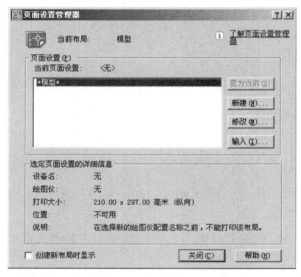

图 7.2 "页面设置管理器"对话框

(3)选择"当前页面设置"为"模型"。

2.打开"页面设置"对话框

(1)单击"修改",进入"页面设置"对话框,如图 7.3 所示。

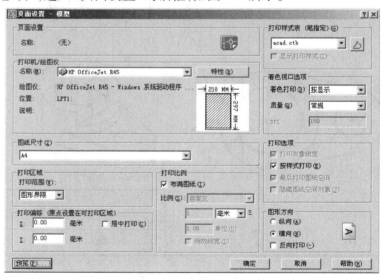

图 7.3 "页面设置"对话框

（2）在"打印机/绘图仪"的"名称（M）"选项中,选择要使用的打印机。

（3）在"图纸尺寸"选项中,选择 A4,使用 A4 图纸。

（4）在"打印范围"选项中,选择"图形界限"选项。

（5）设置"打印偏移":X 为 0,Y 为 0。

（6）设置"打印样式表"为 acd. ctb。

（7）选择"图形方向"为横向。

3.打印预览

（1）单击"预览",进入打印预览模式,检查页面设置结果,如图 7.4 所示。

（2）如设置符合要求,单击"ESC"键,退出预览模式,回到"页面设置"对话框。

（3）单击"确定",回到"页面设置管理器"对话框。

（4）单击"关闭",关闭"页面设置管理器"对话框。

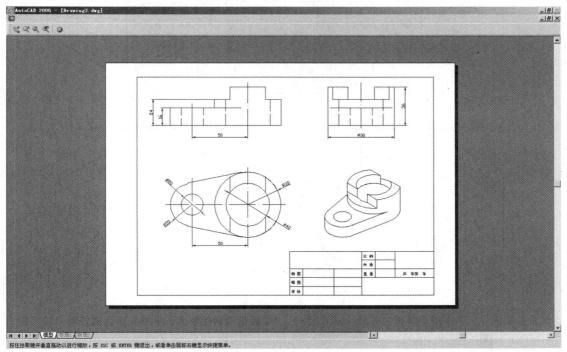

图 7.4　打印预览模式

4.打印

（1）依次单击"文件"、"打印",弹出"打印"对话框,如图 7.5 所示。

（2）单击"确定",进行图纸打印。

三、使用"布局",打印文件

1.打开"页面设置管理器"

（1）打开要打印的文件。

（2）单击"布局 1"标签,激活布局 1,如图 7.6 所示。

（3）依次单击"文件"、"页面设置管理器",弹出"页面设置管理器"对话框。

（4）选择"当前页面设置"为"布局 1"。

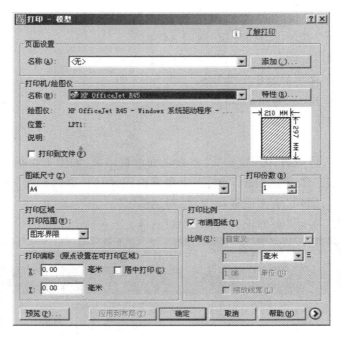

图 7.5 "打印"对话框

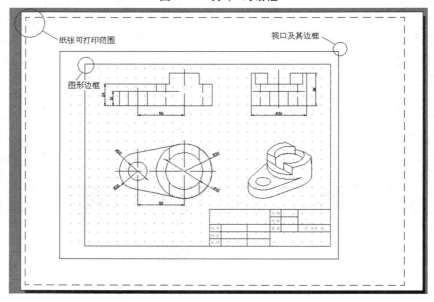

图 7.6 激活布局 1

2. 页面设置

(1) 单击"修改",进入"页面设置"对话框,如图 7.7 所示。

(2) 在"打印机/绘图仪"的"名称(M)"选项中,选择要使用的打印机。

(3) 在"图纸尺寸"选项中,选择 A4,使用 A4 图纸。

(4) 在"打印范围"选项中,选择"布局"选项。

(5) 设置"打印偏移":X 为 0,Y 为 0。

（6）单击"确定"，退出"页面设置"对话框，回到"页面设置管理器"对话框。

（7）单击"关闭"，关闭"页面设置管理器"对话框。

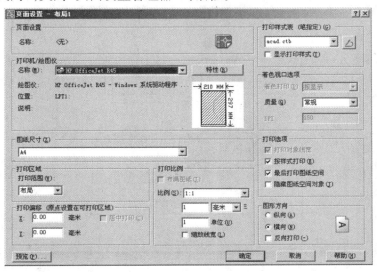

图 7.7 使用"布局"的"页面设置"对话框

3. 调整视口

（1）单击视口边框（连续线边框），如图 7.8 所示。

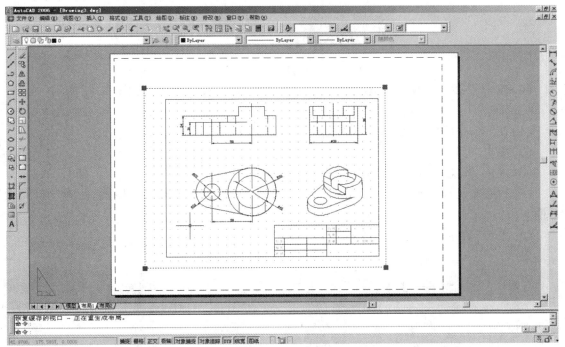

图 7.8 选取视口边框

（2）利用视口边框四角的角点，调节视口，使之布满整个可打印范围，如图 7.9 所示。

（3）打开"视口"工具栏快捷菜单，如图 7.10 所示。

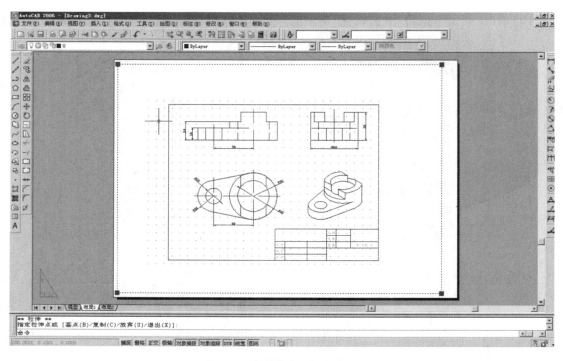

图 7.9　布满整个可打印范围

图 7.10　"视口"工具栏快捷菜单

（4）单击"视口"工具栏快捷菜单的下拉箭头，选取"按图纸缩放"，如图 7.11 所示。

4. 打印

（1）在"布局 1"标签上单击右键，选择"打印"，如图 7.12 所示。

（2）单击"打印""，进入"打印"对话框。

（3）单击"预览"，进入"打印预览"模式，如图 7.13 所示。

（4）检查布局设置结果，如设置符合要求，单击"ESC 键"，退出预览模式，回到"打印"对话框。

（5）单击"确定"，进行图形打印。

提示：

●本项目介绍的是直接将模型空间中的内容进行打印和设置布局打印，模型空间是一个三维坐标空间，主要用于几何模型的构建。在 AutoCAD 中，图纸空间是以布局的形式来使用的。一个图形文件可包含多个布局，每个布局代表一张单独的打印输出图纸。在绘图区域底部选择布局选项卡，就能查看相应的布局。选择布局选项卡，就可以进入相应的图纸空间环境。

●"打印区域"选项用于指定要打印的区域，AutoCAD 提供了 5 种定义：

①布局。打印指定图纸尺寸页边距内所有对象。

②范围。打印图形的当前空间中所有几何图形。

③显示。打印"模型"选项卡的当前视口中的视图。

④视图。打印一个已命名的视图。如果没有已命名视图，此项不可用。

⑤窗口。打印同用户指定的区域内的图形。用户可单击 Window < 按钮返回绘图区来指定打印区域的两个角点。

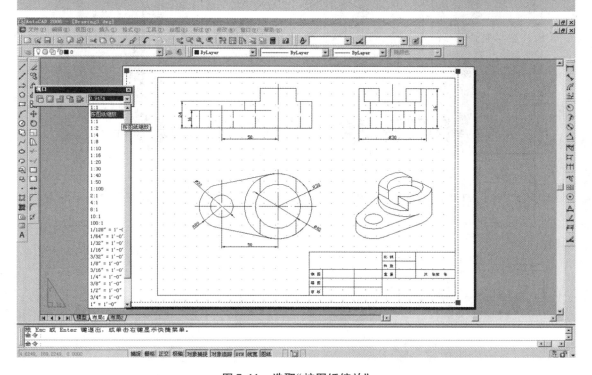

图 7.11　选取"按图纸缩放"

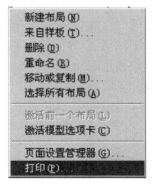

图 7.12　选择"打印"

233

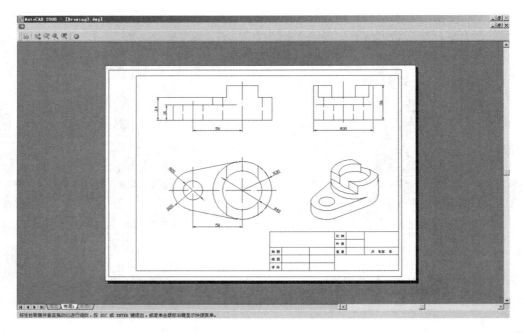

图 7.13 打印预览

【自己动手 7-1】 自己动手打印一张机械图样。

参考文献

1. 姜勇等. AutoCAD 中文版机械制图典型实例[M]. 北京:人民邮电出版社,2005.

2. 马军. AutoCAD 2006 机械制图实例教材[M]. 上海:上海科学普及出版社,2006.

3. 孔鹏程等. AutoCAD 入门与提高[M]. 北京:人民邮电出版社,2006.

4. 姜勇等. 从零开始 AutoCAD 中文版机械制图基础培训教材[M]. 北京:人民邮电出版社,2005.

5. 徐玉华. 机械制图习题集[M]. 北京:人民邮电出版社,2006.

6. 零点工作室. AutoCAD 2006 机械制图设计应用范例. 北京:清华大学出版社.